New Wun Ching Developmental Publishing Co., Ltd.

New Age · New Choice · The Best Selected Educational Publications — NEW WCDP

第**3**版

解剖生理學

總複習　心智圖解析

莊禮聰　編著

MIND MAPS IN ANATOMY & PHYSIOLOGY

—— *A SUMMATIVE REVIEW* 3rd Edition

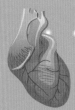

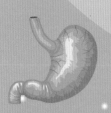

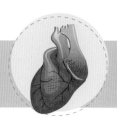

　　解剖生理學對初學者來說，常感到內容多又繁雜，背了又忘並缺乏整體性概念；然而，基礎醫學知識是所有醫護相關科系的核心能力之一，學習扎實、概念清楚，對於專業學習有絕對的影響。

　　本書編者莊老師教學深獲學生肯定且榮獲優良教學教師殊榮，以其多年護理科教學經驗，配合臨床應用及國家考試，利用心智繪圖以系統性完整整理出解剖生理學，讓學習者能清楚構造的層次關係，以及與功能間的關聯，使學習者可以有整體性的觀念架構，並以圖像輔助學習，在學習上不再是片段記憶，可以是清楚有邏輯思考脈絡的圖像，在學習上必然可達到事半功倍、記憶深刻之效，有助於未來在其他專業課程的學習及應用，對於準備執照考的學生更是一本非常好的用書，值得推薦。

耕莘健康管理專科學校

校長 林淑玟　謹識

推薦序
Recommendation

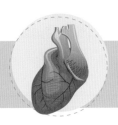

這是我第一次看到以心智圖模式來撰寫的解剖生理學複習書籍，剛開始很好奇，但是當我仔細看完內容的每一張圖之後，發現自己也複習了一次解剖生理學。

每年我都要幫學生進行考照總複習的課程，過去都是拿起課本重新再講解一次，但是發現大家花了很多時間重新讀書，卻無法在腦海中產生有系統的整體印象，許多概念還是片段無法連結，只能拿來應付考試，而且很容易遺忘。我覺得這樣很可惜，如果花很多時間讀書，當然希望這些知識能長時間儲存在腦海中；如果你對讀書也有相同的期許，那這本書可以為你帶來一線生機。

建議曾經讀過解剖生理學，而且正準備參加考試的人，可先以這本書籍作為每個單元的前導，以其架構指引複習的方向，讀完之後再以其架構檢視複習的成效，並搭配考古題的練習，相信對準備考試時間有限的人來說，一定可以達到事半功倍的效果。

慈濟科技大學

教授　楊淑娟　謹識

作者序
Preface

　　對於醫學相關科系的學生，解剖與生理學是相當重要的入門基礎科目，它講述著人體的基本構造組成以及功能的運作原理。然而解剖與生理學龐雜的專業術語和抽象的運作機制，讓學生在準備時常常陷入困擾。面對各種考試時，對於解剖生理的複習，常常找不到適當方式準備。心智圖將主要概念當作核心，透過關鍵字／概念與圖像等素材的向外發散，可同時展現主要概念及相關訊息的階層性與關聯性。這樣的方式具有精簡閱讀內容、整合資訊與快速記憶等功能，相當適合用於正在實習以及準備各項考試的學生閱讀。

　　本書以護理師國考為主，揀選出解剖生理學中重要的核心概念，進而繪製成心智圖，提供一種如同導覽地圖般的指引，讓閱讀者能一窺相關內容之全貌。搭配相關解剖構造之圖片，可強化理解與記憶的效果。此外，透過相關近年來護理師國考試題之演練，更能確切掌握國考的關鍵內容。

　　這是一本協助妳／你複習解剖生理學的教材，如果妳／你從未學過解剖學與生理學，妳／你將需要有熟悉解剖生理學的老師帶領著閱讀。本書能透過心智圖其獨特的學習方式，帶給妳／你一個較為容易架構的方式，進而去獲得並且記憶重要的資訊。如果能夠加上原本教科書的閱讀或是相關試題演練，並在書頁上寫下筆記，這就將會是專屬於妳／你的客製化整理筆記。

　　這一本書的完成有許多需要感謝的人：感謝耕莘健康管理專科學校林淑玟校長和慈濟科技大學楊淑娟教授對於本書的推薦，以及新文京開發出版股份有限公司編輯部一次次的細心校對。儘管力求完整的呈現，受限於心智圖軟體的文書處理功能，有些上下標的功能無法執行，此為呈現上之缺憾。雖已經進行詳盡的校對，若有標示錯誤之處，還望諸位先進和讀者不吝賜教，以供後續修訂。

耕莘健康管理專科學校護理科

副教授 莊禮聰 謹識

三版序
Preface

　　多年來，我持續在五專護理科學生畢業前教授綜合基礎醫學研討－解剖生理學課程。這些學生皆經過實習，已具有相關臨床經驗，加上二技升學與護理師執照考試之需求，選修這門課之學生學習動機偏高。然而，須於短時間內協助學生統整一、二年級所學八學分之解剖生理學知識，一直都是這門課最大的挑戰。如何能在繁瑣內容中，萃取出投資報酬率最高之內容，讓學生能有效率地學習，增加學習動機與成效。為了能兼顧整合和記憶之效果，2017 年出版了這本心智圖解析，並同時以此為課程教材。四年來廣受修課同學的肯定。每年上課的第二週，我都會透過匿名問卷，請學生回饋上課狀況，擷取部分學生回饋如下：

· 用心智圖上課，覺得還不錯，淺顯易懂，相信一定可以在這堂課將解剖生理的成績提升；

· 我覺得老師教的很用心，對於課本的編排也很好讓人一看就懂，很喜歡這堂課；

· 透過心智圖能夠更快理解課程的內容；

· 生理解剖突然變得很容易懂，謝謝老師；

· 心智圖更能加深印象、更能了解；

· 心智圖簡潔易懂：)。

　　這些年，我會將每年度二技和護理師國考考題，對應著本書的心智圖架構，並同時標註記號，抓出出題趨勢，上課時便可以提醒同學。如果無法對應到內容的，則會透過額外的補充。累積了這些年的精挑細選的資訊，很希望也能呈現給所有的讀者。因此有了再版的念頭。謝謝編輯部一次次的細心調整與校對，讓這本書有了更棒的呈現。這次的再版，內容上有了蠻多調整與補充，部分內容呈現上也進行了優化處理。另外，課後複習的題目，也調整成更符合護理師二技和國考考題之命題趨勢。

　　這本書對我而言是一本工具書，讓我能更精準聚焦於學生升學和考試的需求，協助其快速增加解剖生理學的實力。相信正在閱讀這本書的妳／你，只要按部就班地複習，也一定能如此！再次感謝耕莘健康管理專科學校林淑玟校長和慈濟科技大學楊淑娟教授對於本書的推薦。雖已經進行詳盡的校對，若有標示錯誤之處，還望諸位先進和讀者不吝賜教，以供後續修訂。

耕莘健康管理專科學校護理科

副教授　莊禮聰　謹識

莊禮聰

學歷

國防醫學院生命科學研究所 博士

陽明大學生理學研究所 碩士

現任

耕莘健康管理專科學校 護理科 副教授

　　教授解剖生理學與實驗、病理學等課程

曾任

耕莘健康管理專科學校 護理科 助理教授

國立台灣大學公共衛生學院流行病學與預防醫學研究所 博士後研究員

耕莘健康管理專科學校、康寧醫護暨管理專科學校 兼任講師

目 錄
Contents

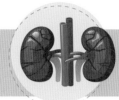

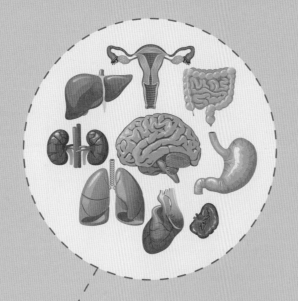

CHAPTER **01**

緒論與細胞 ●
Introduction and Cell

01

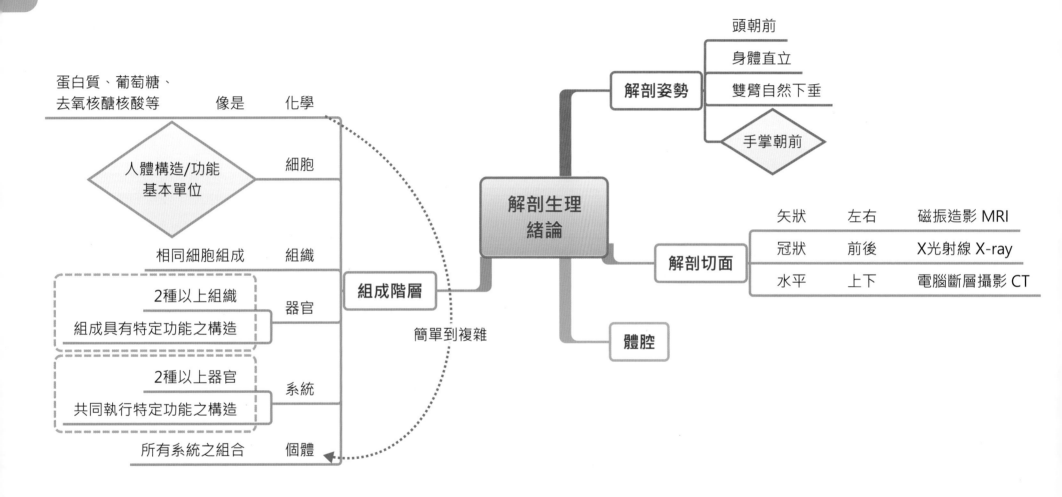

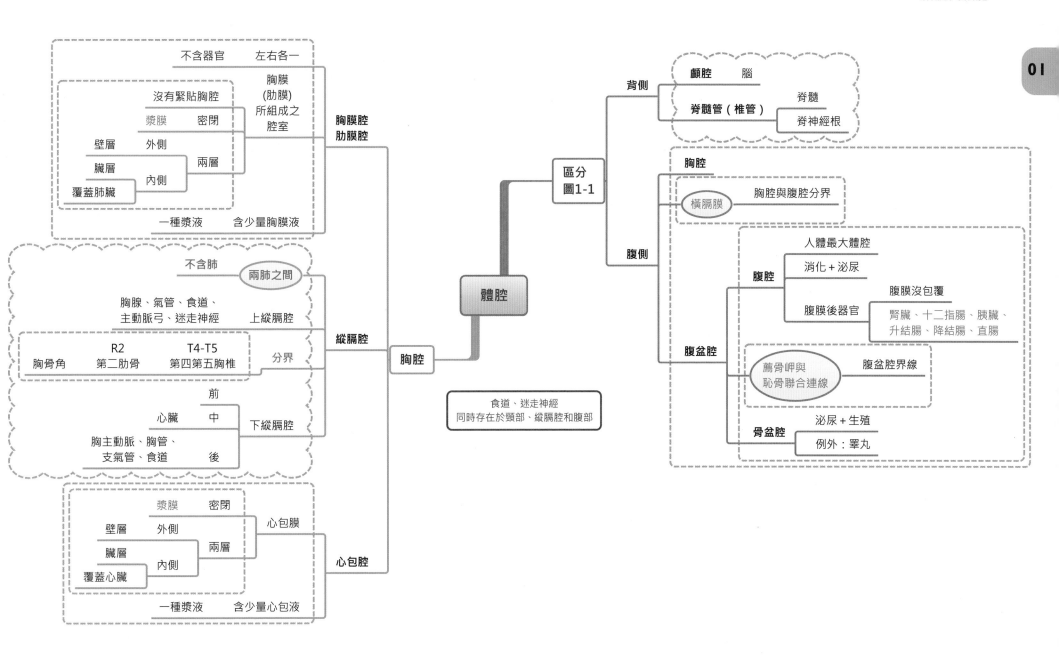

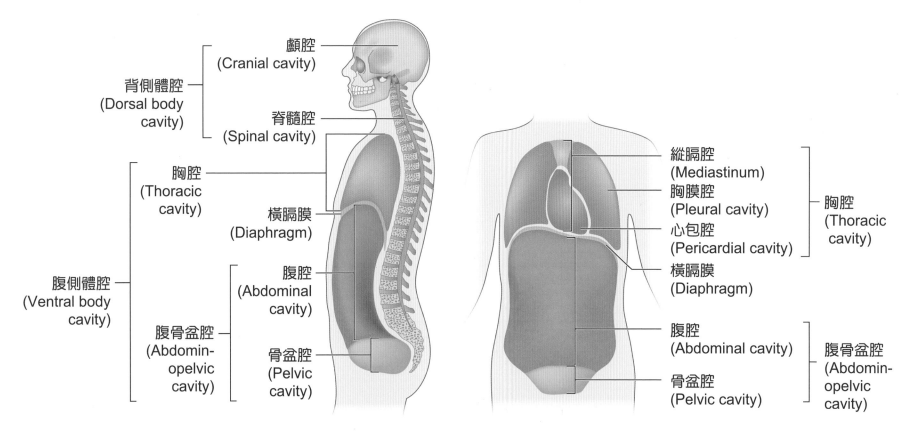

➲ 圖 1-1　體腔的區分

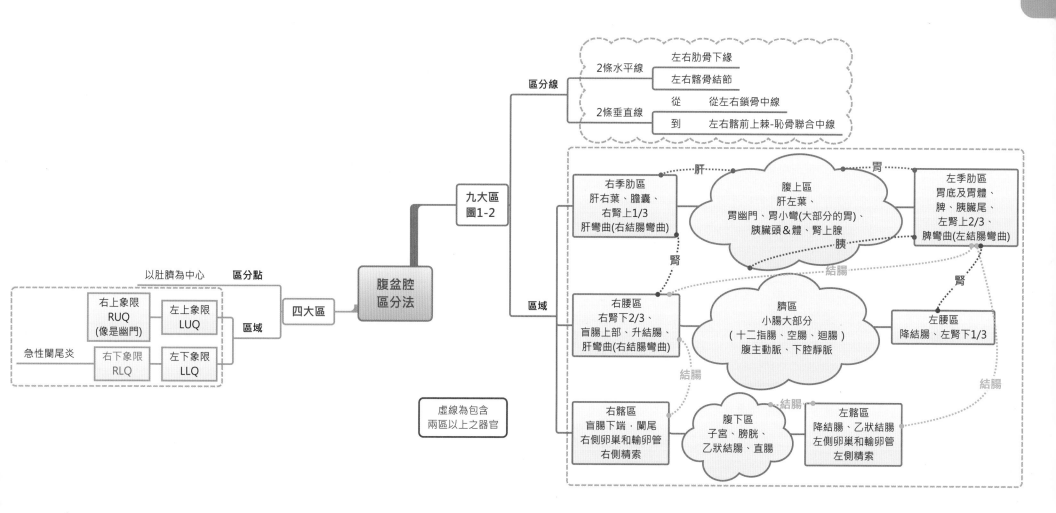

2條水平線
- 左右肋骨下緣
- 左右髂骨結節

2條垂直線
- 從 從左右鎖骨中線
- 到 左右髂前上棘-恥骨聯合中線

區分線

九大區
圖1-2

右季肋區
肝右葉、膽囊、
右腎上1/3
肝彎曲(右結腸彎曲)

肝

腹上區
肝左葉、
胃幽門、胃小彎(大部分的胃)、
胰臟頭＆體、腎上腺

胃

左季肋區
胃底及胃體、
脾、胰臟尾、
左腎上2/3、
脾彎曲(左結腸彎曲)

胰

腎

結腸

右腰區
右腎下2/3、
盲腸上部、升結腸、
肝彎曲(右結腸彎曲)

臍區
小腸大部分
（十二指腸、空腸、迴腸）
腹主動脈、下腔靜脈

左腰區
降結腸、左腎下1/3

腎

結腸

結腸

結腸

右髂區
盲腸下端，闌尾
右側卵巢和輸卵管
右側精索

腹下區
子宮、膀胱、
乙狀結腸、直腸

左髂區
降結腸、乙狀結腸
左側卵巢和輸卵管
左側精索

區域

腹盆腔區分法

四大區

區分點
以肚臍為中心

右上象限
RUQ
(像是幽門)

左上象限
LUQ

區域

急性闌尾炎

右下象限
RLQ

左下象限
LLQ

虛線為包含
兩區以上之器官

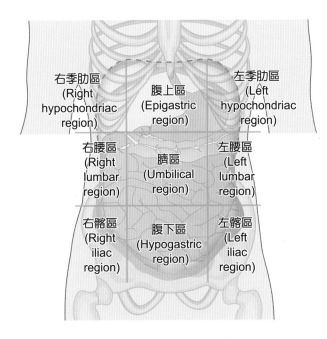

➲ 圖 1-2　腹腔九分法

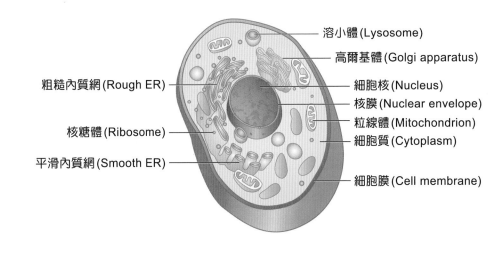

➲ 圖 1-3　細胞結構

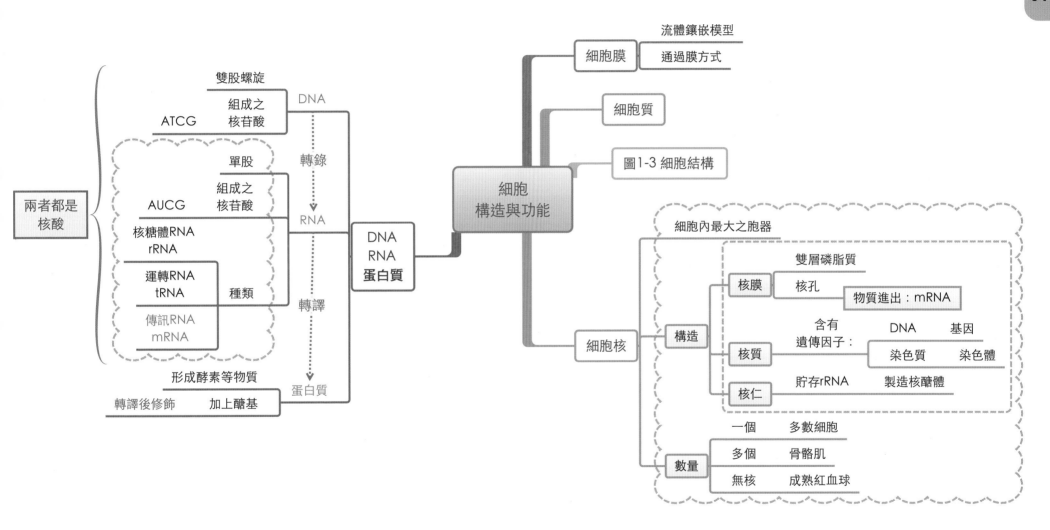

01

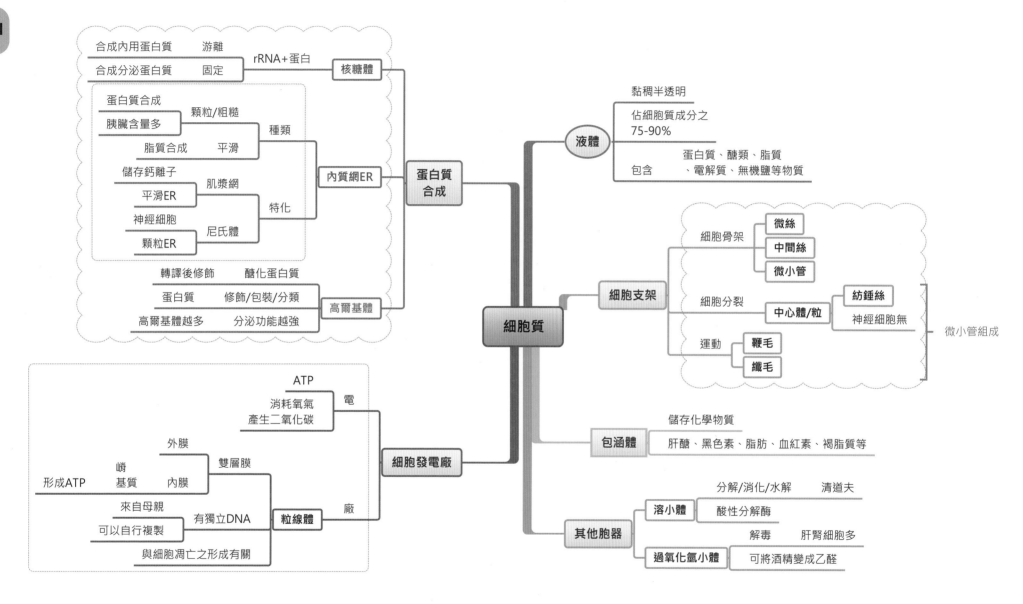

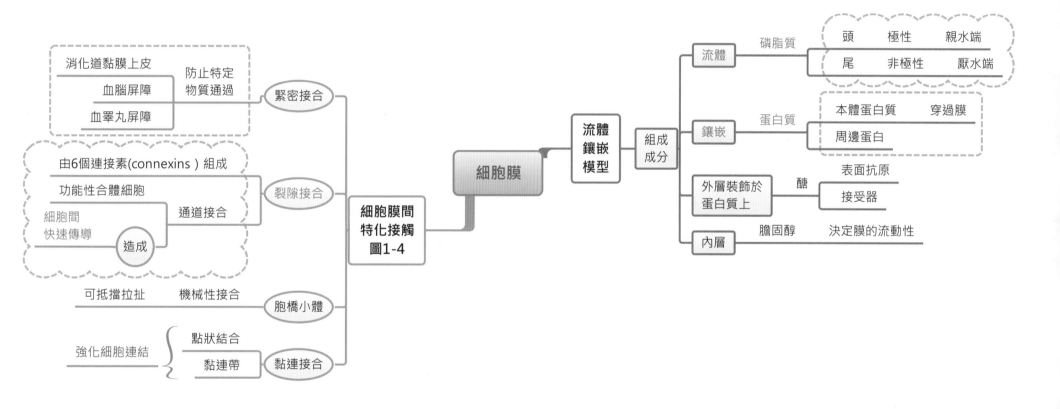

01

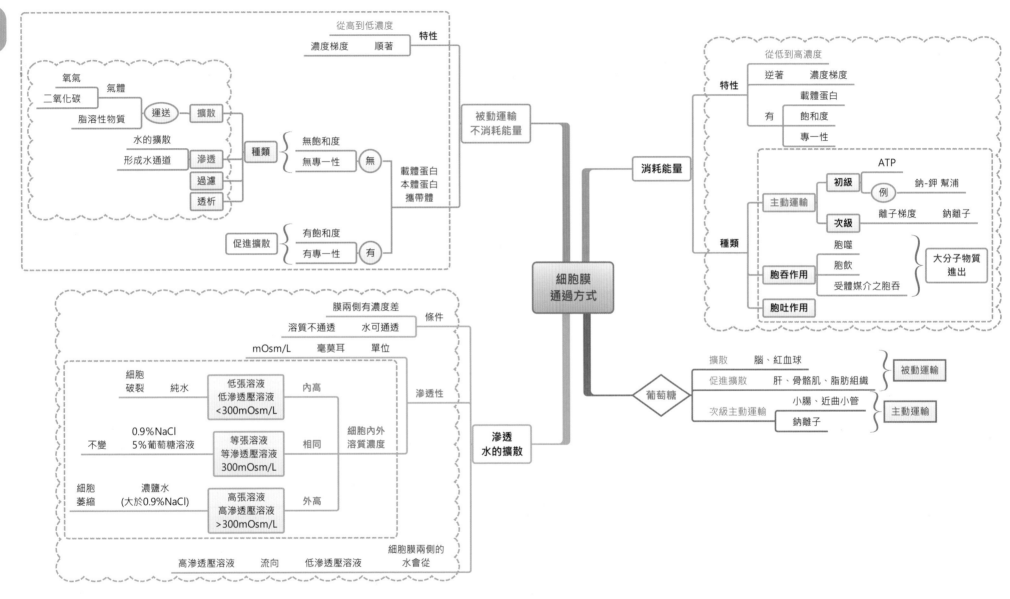

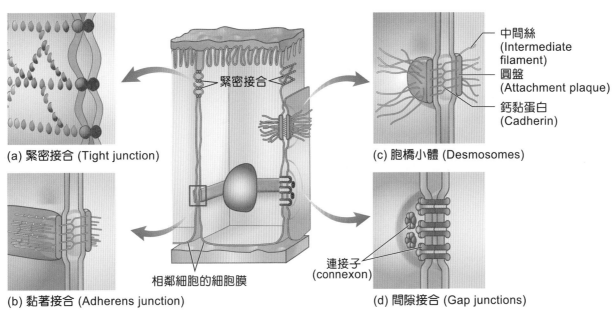

(a) 緊密接合 (Tight junction)

(b) 黏著接合 (Adherens junction)

緊密接合

相鄰細胞的細胞膜

中間絲
(Intermediate filament)
圓盤
(Attachment plaque)
鈣黏蛋白
(Cadherin)

(c) 胞橋小體 (Desmosomes)

連接子
(connexon)

(d) 間隙接合 (Gap junctions)

⊃ 圖 1-4　細胞膜間特化接觸

0 1

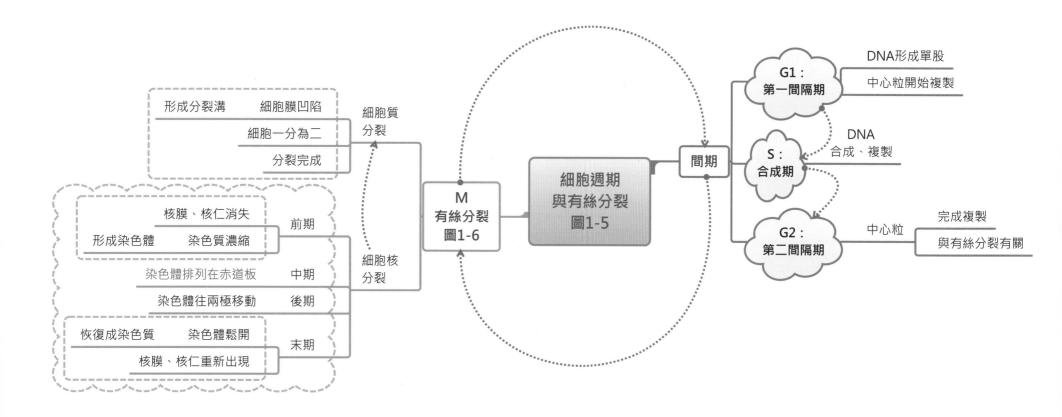

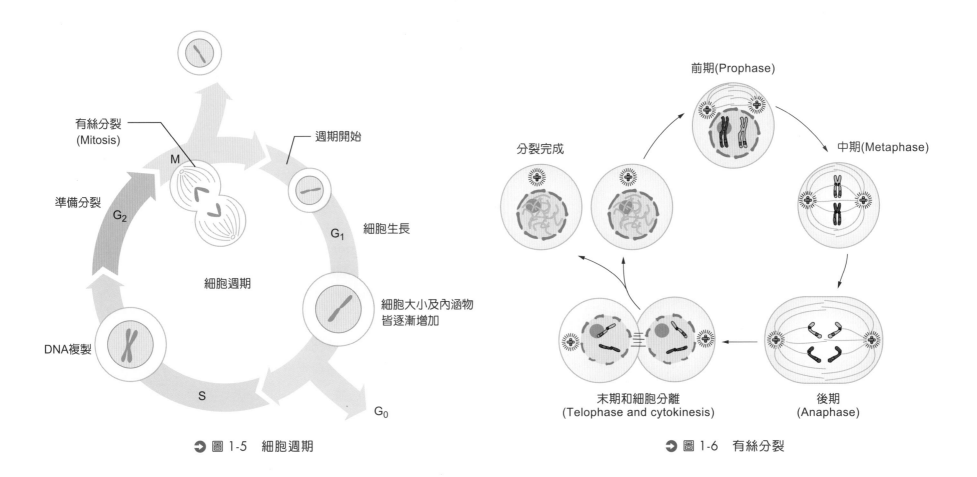

前期(Prophase)

中期(Metaphase)

分裂完成

有絲分裂
(Mitosis)

週期開始

準備分裂

M

G₂

細胞生長

G₁

細胞週期

DNA複製

細胞大小及內涵物
皆逐漸增加

末期和細胞分離
(Telophase and cytokinesis)

後期
(Anaphase)

S

G₀

➔ 圖 1-5　細胞週期

➔ 圖 1-6　有絲分裂

課後複習

1. 腹盆腔九分法的左右兩條線是由恥骨聯合 (pubic symphysis) 和下列哪一構造連線中點的垂直線所構成？ (A) 髂嵴 (iliac crest)　(B) 髂結節 (iliac tubercle)　(C) 髂前上棘 (anterior superior iliac spine)　(D) 髂前下棘 (anterior inferior iliac spine)。

2. 下列何種離子在多數細胞的細胞內液濃度最接近 150 毫體積莫耳濃度 (mM)？ (A) 鉀　(B) 鈣　(C) 氯　(D) 鈉。

3. 細胞膜的成分，下列何者錯誤？ (A) 碳水化合物　(B) 蛋白質　(C) 磷脂質　(D) 核酸。

4. 有關細胞膜的主要生理功能，下列何者錯誤？ (A) 媒介細胞物質運輸　(B) 進行訊息傳遞　(C) 產生細胞骨架　(D) 細胞辨識與細胞黏附。

5. 乙狀結腸 (sigmoid colon) 主要位於腹盆腔九分法的哪一部位？ (A) 左髂區 (left iliac region)　(B) 右髂區 (right iliac region)　(C) 左腰區 (left lumbar region)　(D) 右腰區 (right lumbar region)。

6. 下列有關胸膜的敘述，何者錯誤？ (A) 為二層結構，屬於漿膜　(B) 胸膜腔內有潤滑液　(C) 臟層胸膜襯在氣管壁上　(D) 壁層胸膜襯在胸腔內壁上。

7. 左季肋區器官因肋骨刺入而大出血，下列何者最可能受損？ (A) 左肺　(B) 心臟　(C) 胰臟　(D) 脾臟。

8. 下列何種胞器可將攝入的酒精氧化成為乙醛 (acetaldehyde)？ (A) 過氧化體 (peroxisomes)　(B) 粒線體 (mitochondria)　(C) 溶小體 (lysosomes)　(D) 核糖體 (ribosomes)。

9. 一莫耳葡萄糖（即 180 克）溶解於 1 公升水中所產生的滲透壓濃度為多少 Osmol/L？ (A)1　(B)2　(C)3　(D)4。

10. 蛋白質醣基化 (glycosylation) 主要發生在哪個步驟？ (A) DNA 轉錄 (transcription)　(B) 轉錄後修飾 (post-transcritional modification)　(C) DNA 轉譯 (translation)　(D) 轉譯後修飾 (post-translational modification)。

11. 下列胞器中，何者負責製造 ATP？ (A) 核糖體　(B) 溶小體　(C) 高爾基體　(D) 粒線體。

12. 下列何者藉由輔助擴散 (facilitated diffusion) 的方式，通過小腸上皮細胞之頂膜被吸收？ (A) 葡萄糖 (glucose)　(B) 半乳糖 (galactose)　(C) 麥芽糖 (maltose)　(D) 果糖 (fructose)。

13. 人體呈現解剖學姿勢 (anatomical position) 時，下列有關方位術語的敘述，何者正確？ (A) 肱骨位於尺骨的遠端 (distal)　(B) 食道位於氣管的前面 (anterior)　(C) 腓骨位於脛骨的內側 (medial)　(D) 腹膜壁層 (parietal) 形成腹膜腔的外層。

14. 就人體組成的階層而言，去氧核糖核酸屬於何種階層？ (A) 化學　(B) 細胞　(C) 組織　(D) 器官。

15. 下列何者為平滑內質網 (smooth endoplasmic reticulum) 之功能？ (A) 儲存鈣離子　(B) 合成蛋白質　(C) 製造 ATP　(D) 參與有絲分裂。

16. 如果細胞之中心體 (centrosome) 受到破壞，下列何項細胞活動將無法完成？ (A) 染色體複製 (replication)　(B) 轉錄 (transcription)　(C) 轉譯 (translation)　(D) 有絲分裂 (mitosis)。

17. 核仁 (nucleolus) 的主要功能為何？ (A) 製造 DNA　(B) 製造核膜　(C) 維持 DNA 穩定性　(D) 製造 rRNA。

18. 依人體解剖學姿勢 (anatomical position)，手掌面應朝向哪一方向？ (A) 內側　(B) 前面　(C) 下面　(D) 後面。

19. 腹骨盆腔九分區的假想線中，最下方的水平線通過下列何者？(A) 髂嵴　(B) 恥骨聯合上緣　(C) 恥骨聯合下緣　(D) 第 1、2 腰椎之交界處。

20. 蘭氏細胞 (Langerhans' cell) 主要功能為何？(A) 免疫及吞噬　(B) 吸收紫外線　(C) 接受感覺　(D) 儲存能量。

21. 有絲分裂時，哪一時期染色體會排列在赤道板上？(A) 前期　(B) 中期　(C) 後期　(D) 末期。

22. 下列何者具有雙套 (diploid) 染色體？(A) 精子　(B) 精細胞　(C) 初級精母細胞　(D) 次級精母細胞。

23. 關於「粒線體特性」的敘述，下列何者正確？(A) 內腔結構充滿基質 (matrix)　(B) 粒線體 DNA 與組蛋白 (histone) 結合　(C) 粒線體的形成可靠粒線體本身 DNA 轉錄、轉譯完成　(D) 提供身體約 20% 的核苷三磷酸 (ATP) 能量來源。

24. 下列有關臟層 (visceral) 的敘述，何者正確？(A) 為內臟的被膜　(B) 構成身體的表層　(C) 屬於體腔的內壁　(D) 屬於體腔的外壁。

25. 下列哪兩種皆屬於腹膜後器官？(A) 脾臟與肝臟　(B) 胰臟與升結腸　(C) 橫結腸與降結腸　(D) 盲腸與乙狀結腸。

26. 下列有關核糖核酸 (RNA) 的敘述，何者正確？(A) RNA 是雙股螺旋 (doublehelix) 結構　(B) RNA 的組成中有胸腺嘧啶 (thymine, T)　(C) 轉運 RNA (tRNA) 可參與蛋白質的合成　(D) 核糖體由傳訊 RNA (mRNA) 與蛋白質所構成。

27. 下列有關細胞膜構造的敘述，何者正確？(A) 細胞膜內、外兩側醣類的含量相等　(B) 細胞膜為流體鑲嵌模型的結構　(C) 細胞膜蛋白質與脂質具有共價鍵結　(D) 細胞膜的脂類成份只有磷脂質。

28. 鈉鉀幫浦 (sodium-potassium pump) 運送鈉鉀離子的作用方式屬於下列何者？(A) 簡單擴散 (simple diffusion)　(B) 主動運輸 (active transport)　(C) 滲透 (osmosis)　(D) 胞噬作用 (endocytosis)。

29. 細胞凋亡 (apoptosis) 過程中會釋出酵素將細胞水解的胞器是：(A) 過氧化氫酶體 (peroxisome)　(B) 中心體 (centrosome)　(C) 溶小體 (lysosome)　(D) 核醣體 (ribosome)。

30. 依腹部九分法將胃的幽門部區分於哪一部位？(A) 右腰區　(B) 腹上區　(C) 右季肋區　(D) 左季肋區。

解 答

1.C	2.A	3.D	4.C	5.A	6.C	7.D	8.A	9.A	10.D
11.D	12.D	13.D	14.A	15.A	16.D	17.D	18.B	19.A	20.A
21.B	22.C	23.A	24.A	25.B	26.C	27.B	28.B	29.C	30.B

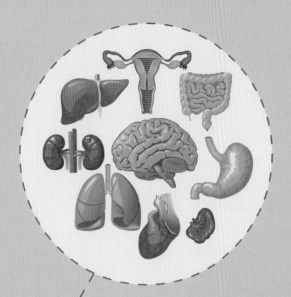

CHAPTER 02

組織與皮膚系統
Tissues and Integumentary System

MIND MAPS IN
ANATOMY & PHYSIOLOGY
- A SUMMATIVE REVIEW

02

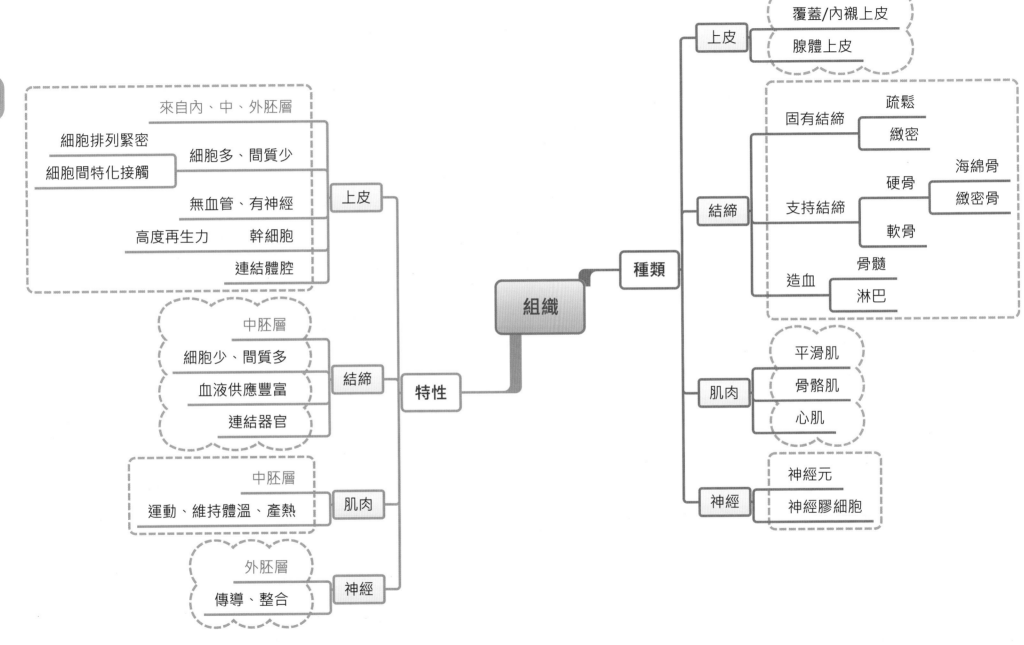

上皮
　來自內、中、外胚層
　細胞排列緊密
　細胞間特化接觸
　細胞多、間質少
　無血管、有神經
　高度再生力　幹細胞
　連結體腔

結締
　中胚層
　細胞少、間質多
　血液供應豐富
　連結器官

肌肉
　中胚層
　運動、維持體溫、產熱

神經
　外胚層
　傳導、整合

特性 — 組織 — 種類

種類
　上皮
　　覆蓋/內襯上皮
　　腺體上皮
　結締
　　固有結締
　　　疏鬆
　　　緻密
　　支持結締
　　　硬骨
　　　　海綿骨
　　　　緻密骨
　　　軟骨
　　造血
　　　骨髓
　　　淋巴
　肌肉
　　平滑肌
　　骨骼肌
　　心肌
　神經
　　神經元
　　神經膠細胞

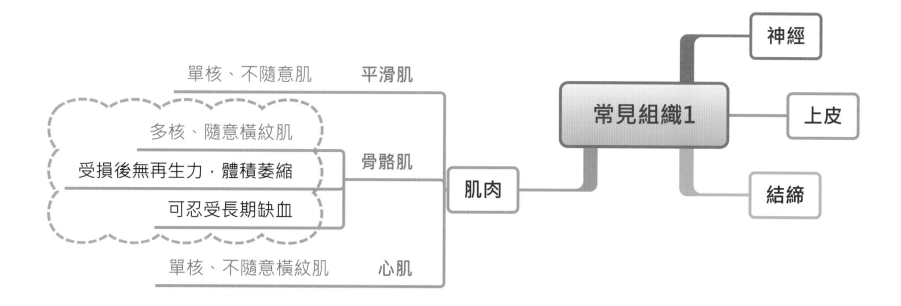

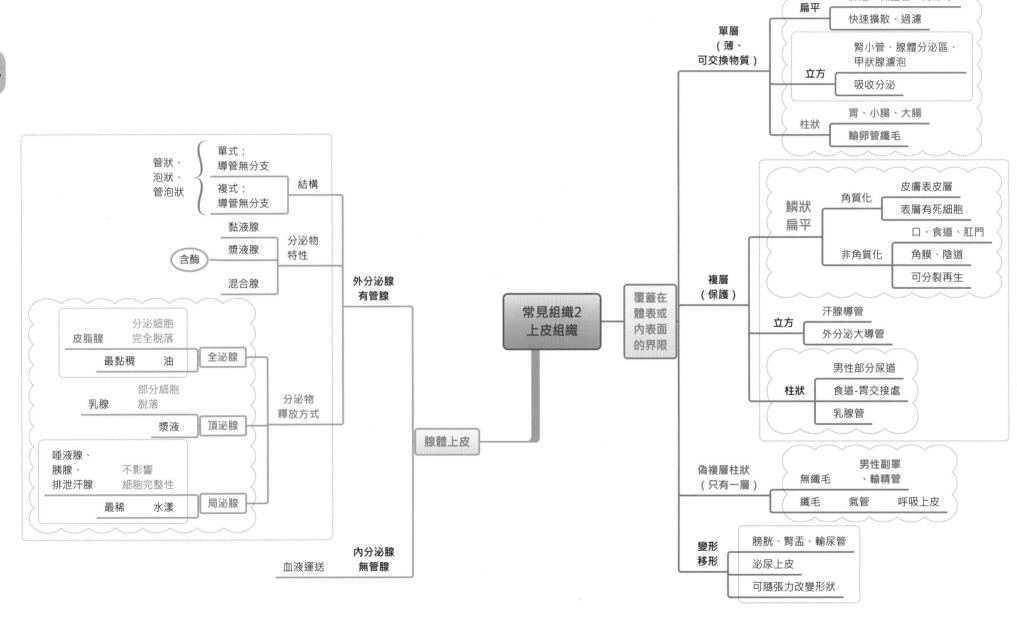

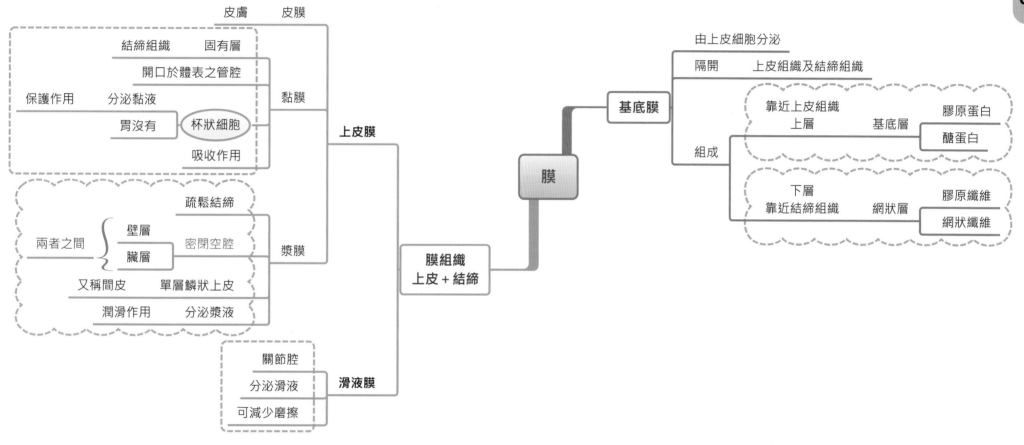

皮膚　皮膜

結締組織　固有層

開口於體表之管腔

保護作用　分泌黏液　　　　　　黏膜

胃沒有　　杯狀細胞

吸收作用

　　　　　　　　　　上皮膜

疏鬆結締

　　　　壁層

兩者之間{　　　　密閉空腔

　　　　臟層　　　　　　漿膜

又稱間皮　單層鱗狀上皮

潤滑作用　分泌漿液

關節腔

　　　　　　　　　滑液膜

分泌滑液

可減少磨擦

膜組織
上皮＋結締

膜

基底膜

由上皮細胞分泌

隔開　上皮組織及結締組織

靠近上皮組織
　　上層　　　　基底層　　膠原蛋白

組成　　　　　　　　　　　醣蛋白

下層
靠近結締組織　　網狀層　　膠原纖維

網狀纖維

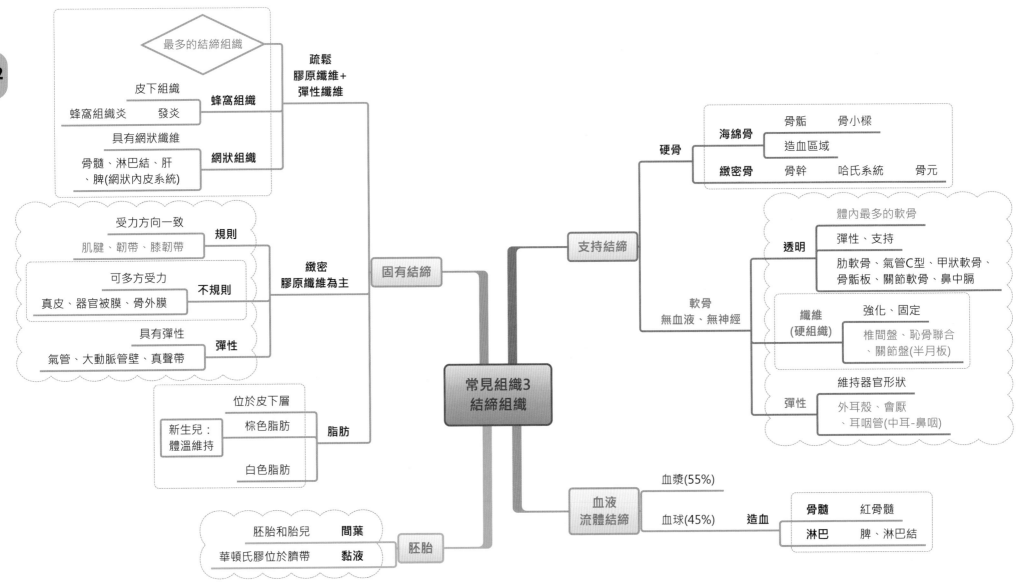

最多的結締組織

疏鬆
膠原纖維+
彈性纖維

皮下組織
蜂窩組織

蜂窩組織炎　　發炎

具有網狀纖維
網狀組織

骨髓、淋巴結、肝
、脾(網狀內皮系統)

受力方向一致　**規則**
肌腱、韌帶、膝韌帶

可多方受力　**不規則**
真皮、器官被膜、骨外膜

具有彈性　**彈性**
氣管、大動脈管壁、真聲帶

緻密
膠原纖維為主

固有結締

位於皮下層

新生兒：
體溫維持　棕色脂肪　**脂肪**

白色脂肪

胚胎和胎兒　**間葉**

華頓氏膠位於臍帶　**黏液**

胚胎

**常見組織3
結締組織**

支持結締

硬骨

海綿骨　骨骺　骨小樑
造血區域
緻密骨　骨幹　哈氏系統　骨元

軟骨
無血液、無神經

體內最多的軟骨
彈性、支持
透明
肋軟骨、氣管C型、甲狀軟骨、
骨骺板、關節軟骨、鼻中膈

強化、固定
纖維
(硬組織)
椎間盤、恥骨聯合
、關節盤(半月板)

維持器官形狀
彈性
外耳殼、會厭
、耳咽管(中耳-鼻咽)

**血液
流體結締**

血漿(55%)

血球(45%)　**造血**

骨髓　紅骨髓
淋巴　脾、淋巴結

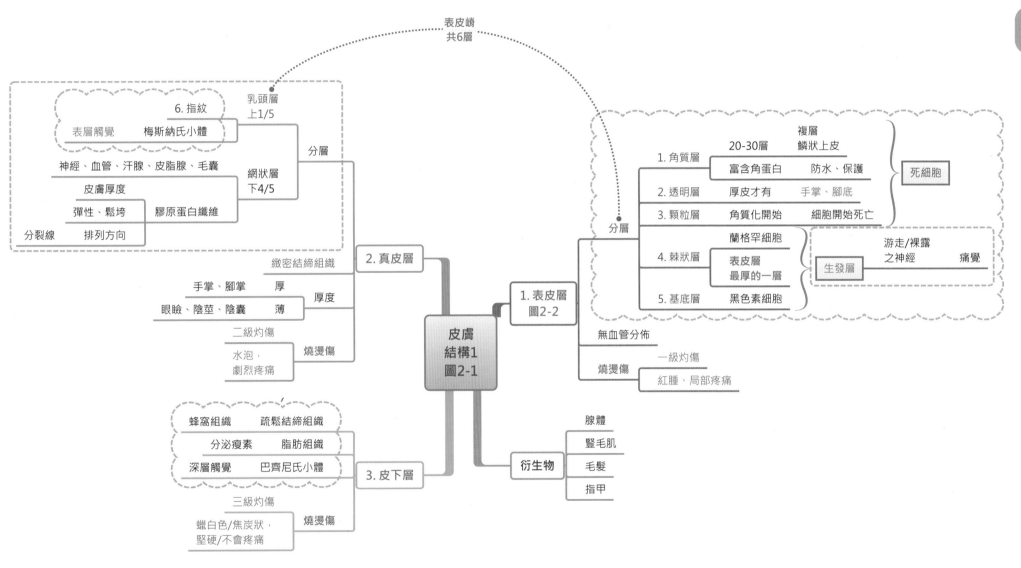

表皮嶺
共6層

6. 指紋
表層觸覺　梅斯納氏小體
　　　　　乳頭層
　　　　　上1/5

神經、血管、汗腺、皮脂腺、毛囊
皮膚厚度　　　網狀層
彈性、鬆垮　膠原蛋白纖維　下4/5
分裂線　排列方向

分層

緻密結締組織

手掌、腳掌　厚
眼瞼、陰莖、陰囊　薄　厚度

二級灼傷
水泡，　　　　燒燙傷
劇烈疼痛

2. 真皮層

皮膚
結構1
圖2-1

1. 表皮層
圖2-2

分層

1. 角質層
　　　　　　20-30層
複層
鱗狀上皮
富含角蛋白　防水、保護

2. 透明層　厚皮才有　手掌、腳底

3. 顆粒層　角質化開始　細胞開始死亡

4. 棘狀層
蘭格罕細胞
表皮層
最厚的一層

5. 基底層　黑色素細胞

死細胞

游走/裸露
之神經　痛覺

生發層

無血管分佈

燒燙傷
一級灼傷
紅腫、局部疼痛

蜂窩組織　疏鬆結締組織
分泌瘦素　脂肪組織
深層觸覺　巴齊尼氏小體

3. 皮下層

衍生物
腺體
豎毛肌
毛髮
指甲

三級灼傷
蠟白色/焦炭狀，
堅硬/不會疼痛　燒燙傷

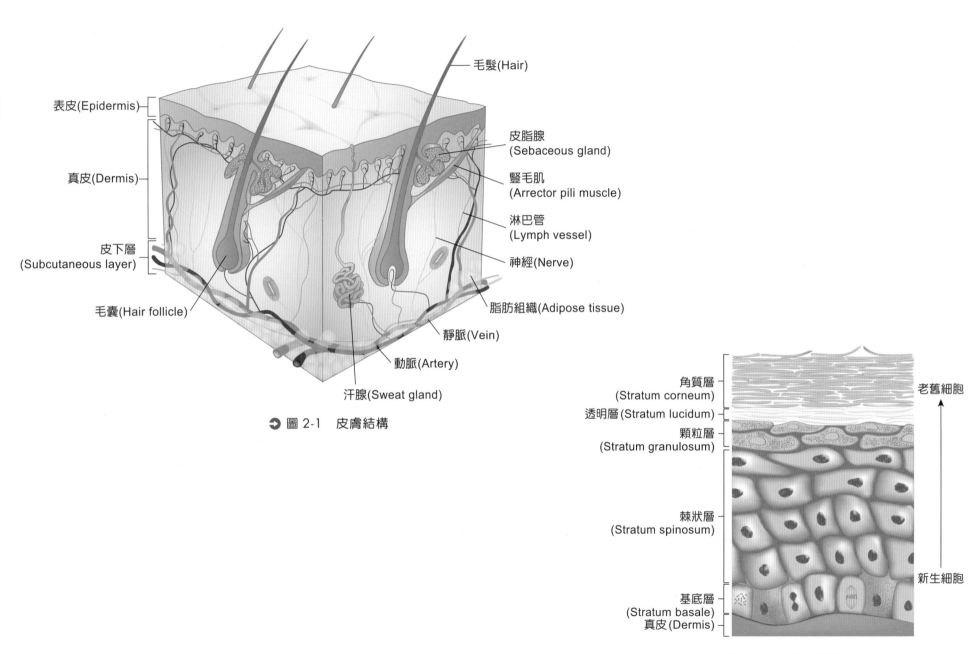

表皮(Epidermis)

真皮(Dermis)

皮下層
(Subcutaneous layer)

毛囊(Hair follicle)

毛髮(Hair)

皮脂腺
(Sebaceous gland)

豎毛肌
(Arrector pili muscle)

淋巴管
(Lymph vessel)

神經(Nerve)

脂肪組織(Adipose tissue)

靜脈(Vein)

動脈(Artery)

汗腺(Sweat gland)

➔ 圖 2-1　皮膚結構

角質層
(Stratum corneum)

透明層(Stratum lucidum)

顆粒層
(Stratum granulosum)

棘狀層
(Stratum spinosum)

基底層
(Stratum basale)

真皮(Dermis)

老舊細胞

新生細胞

➔ 圖 2-2　表皮層結構

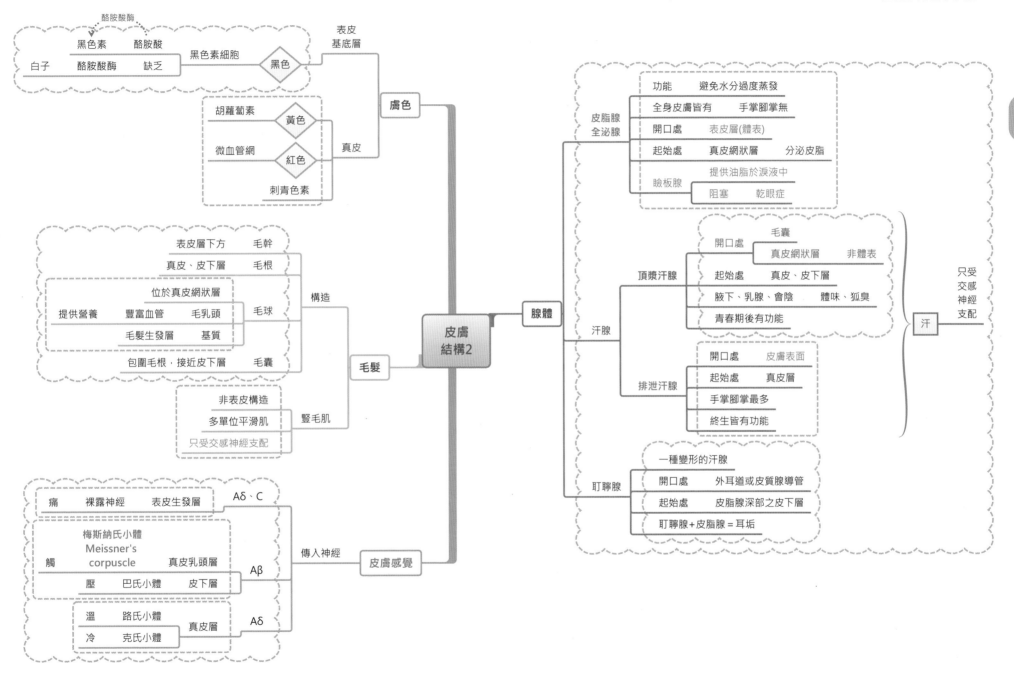

皮膚結構2

膚色

黑色素細胞 — 黑色
- 白子　酪胺酸酶　缺乏
- 黑色素　酪胺酸
- 酪胺酸酶
表皮基底層

黃色 — 胡蘿蔔素
紅色 — 微血管網
- 刺青色素
真皮

毛髮

構造
- 毛幹　表皮層下方
- 毛根　真皮、皮下層
- 毛球
  - 毛乳頭　位於真皮網狀層　豐富血管
  - 提供營養
  - 基質　毛髮生發層
- 毛囊　包圍毛根，接近皮下層

豎毛肌
- 非表皮構造
- 多單位平滑肌
- 只受交感神經支配

皮膚感覺

傳入神經
- 痛　裸露神經　表皮生發層　Aδ、C
- 觸　梅斯納氏小體 Meissner's corpuscle　真皮乳頭層　Aβ
- 壓　巴氏小體　皮下層
- 溫　路氏小體　真皮層　Aδ
- 冷　克氏小體

腺體

皮脂腺 全泌腺
- 功能　避免水分過度蒸發
- 全身皮膚皆有　手掌腳掌無
- 開口處　表皮層(體表)
- 起始處　真皮網狀層　分泌皮脂
- 瞼板腺　提供油脂於淚液中
  - 阻塞　乾眼症

汗腺
- 頂漿汗腺
  - 開口處　毛囊　真皮網狀層　非體表
  - 起始處　真皮、皮下層
  - 腋下、乳腺、會陰　體味、狐臭
  - 青春期後有功能
- 排泄汗腺
  - 開口處　皮膚表面
  - 起始處　真皮層
  - 手掌腳掌最多
  - 終生皆有功能

汗　只受交感神經支配

耵聹腺
- 一種變形的汗腺
- 開口處　外耳道或皮質腺導管
- 起始處　皮脂腺深部之皮下層
- 耵聹腺+皮脂腺 = 耳垢

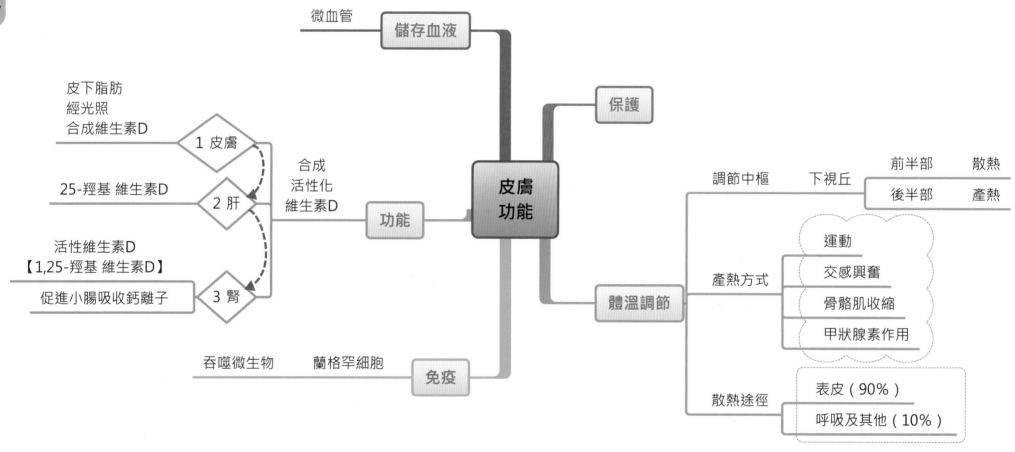

皮下脂肪
經光照
合成維生素D

微血管　　　　儲存血液

保護

25-羥基 維生素D　　1 皮膚

合成
活性化
維生素D

2 肝

功能

皮膚
功能

調節中樞　　下視丘　　前半部　　散熱
　　　　　　　　　　　　後半部　　產熱

活性維生素D
【1,25-羥基 維生素D】

促進小腸吸收鈣離子　　3 腎

運動
交感興奮
骨骼肌收縮
甲狀腺素作用

產熱方式

體溫調節

吞噬微生物　　蘭格罕細胞　　免疫

散熱途徑

表皮（90％）
呼吸及其他（10％）

課後複習

1. 毛囊 (hair follicle) 的縱切面可以看到：(1) 髓質 (medulla) (2) 內根鞘 (internal root sheath) (3) 皮質 (cortex) (4) 外根鞘 (external root sheath) (5) 結締組織根鞘 (connective tissue root sheath)，以上構造由外到內的順序，下列何者正確？ (A) 34521　(B) 54231　(C) 45321　(D) 53412。

2. 下列何者不是皮膚表皮 (epidermis) 的細胞層？ (A) 基底層 (stratum basale)　(B) 棘狀層 (stratum spinosum)　(C) 顆粒層 (stratum granulosum)　(D) 網狀層 (reticular layer)。

3. 左房室瓣 (left atrioventricular valve) 是屬於下列哪一種組織？ (A) 彈性結締組織 (elastic connective tissue)　(B) 複層鱗狀上皮 (stratified squamous epithelium)　(C) 緻密規則性結締組織 (dense regular connective tissue)　(D) 緻密不規則性結締組織 (dense irregular connective tissue)。

4. 下列何者是腸道黏膜上皮最接近管腔的細胞連接 (cell junction)？ (A) 胞橋小體 (desmosome)　(B) 緊密接合 (tight junction)　(C) 裂隙接合 (gap junction)　(D) 黏連接合 (adhesion junction)。

5. 內側半月板 (medial meniscus) 屬於下列哪一種構造？ (A) 彈性軟骨 (elastic cartilage)　(B) 纖維軟骨 (fibrocartilage)　(C) 透明軟骨 (hyaline cartilage)　(D) 滑液膜 (synovial membranes)。

6. 下列何者不是由腹膜 (peritoneum) 衍生形成的構造？ (A) 大網膜　(B) 小網膜　(C) 肝圓韌帶　(D) 腸繫膜。

7. 梅斯納氏小體 (Meissner's corpuscle) 可偵測下列何種感覺？ (A) 壓覺　(B) 觸覺　(C) 溫覺　(D) 痛覺。

8. 下列有關汗腺的敘述，何者正確？ (A) 只分布於腋窩、乳暈及肛門周圍　(B) 其分泌受交感和副交感神經調控　(C) 分泌時，細胞會解體而與汗液一起排出　(D) 導管穿越表皮層，直接開口於皮膚表面。

9. 下列何種組織沒有血管的分布？ (A) 神經組織 (nervous tissue)　(B) 肌肉組織 (muscle tissue)　(C) 上皮組織 (epithelial tissue)　(D) 脂肪組織 (adipose tissue)。

10. 胸膜 (pleura) 屬於下列何種構造？ (A) 黏膜 (mucous membrane)　(B) 漿膜 (serous membrane)　(C) 皮膜 (cutaneous membrane)　(D) 滑膜 (synovial membrane)。

11. 下列何者具複層扁平上皮？ (A) 胃幽門部　(B) 十二指腸　(C) 闌尾　(D) 肛門。

12. 有關表皮的敘述，下列何者錯誤？ (A) 由角質化複層狀上皮組成　(B) 黑色素細胞主要位於基底層　(C) 可見到許多成纖維母細胞 (fibroblasts)　(D) 沒有血管分布。

13. 網狀結締組織 (reticular connective tissue) 是下列何種組織內主要的支持架構？ (A) 肌腱 (tendon)　(B) 淋巴結 (lymph nodes)　(C) 骨外膜 (periosteum)　(D) 黃韌帶 (ligamentum flava)。

14. 下列有關棕色脂肪組織的敘述，何者正確？ (A) 新生兒體內含量較成人多　(B) 細胞核位於細胞的邊緣　(C) 主要分布在成人的真皮層　(D) 在細胞間不具有微血管網。

15. 有關各器官之上皮結構何者錯誤？ (A) 食道，複層鱗狀上皮　(B) 胃，單層柱狀上皮　(C) 膽囊，複層鱗狀上皮　(D) 升結腸，單層柱狀上皮。

16. 大網膜附著於下列哪兩個部位？ (A) 胃小彎與肝臟　(B) 胃小彎與橫結腸　(C) 胃大彎與肝臟　(D) 胃大彎與橫結腸。

17. 下列何者的內襯上皮具有纖毛？(A) 尿道　(B) 輸精管　(C) 十二指腸　(D) 主支氣管。

18. 下列有關皮膚表皮細胞分布的敘述，何者正確？(A) 表皮各層分布的細胞都是活細胞　(B) 黑色素細胞 (melanocyte) 分布在表皮各層　(C) 角質細胞 (keratinocyte) 只分布在角質層 (stratum corneum)　(D) 蘭氏細胞 (Langerhans' cell) 分布在棘狀層 (stratum spinosum)。

19. 下列有關皮膚表皮的敘述，何者正確？(A) 最淺層的表皮細胞完全角質化　(B) 最底層的表皮細胞部分已完全角質化　(C) 黑色素細胞位於表皮淺層，可分泌黑色素以抗紫外線　(D) 厚的皮膚表皮具有五層構造，薄的皮膚表皮則僅有兩層。

20. 下列何處的軟骨屬於透明軟骨 (hyaline cartilage)？(A) 會厭 (epiglottis)　(B) 椎間盤 (intervertebral disc)　(C) 肋軟骨 (costal cartilage)　(D) 恥骨聯合 (pubic symphysis)。

21. 下列哪一構造的內襯為滑液膜 (synovial membrane)？(A) 腹膜腔　(B) 心包腔　(C) 胸腔壁　(D) 可動關節腔。

22. 下列何者具有產生大量熱的功能？(A) 骨骼　(B) 肌肉　(C) 循環　(D) 神經。

23. 厚皮組織中的透明層 (stratum lucidum)，是下列哪兩層之間的構造？(A) 角質層 (stratum corneum) 與顆粒層 (stratum granulosum)　(B) 基底層 (stratum basale) 與棘狀層 (stratum spinosum)　(C) 棘狀層與顆粒層　(D) 顆粒層與基底層。

24. 下列有關表皮的敘述，何者正確？(A) 富含微血管　(B) 屬於複層柱狀上皮　(C) 底層的細胞具增生功能　(D) 底層由角質細胞組成，淺層無此類細胞。

25. 皮膚上所見到的雞皮疙瘩現象，與下列何者較無關係？(A) 豎毛肌收縮　(B) 交感神經興奮　(C) 副交感神經興奮　(D) 天氣寒冷。

26. 下列何者屬於緻密不規則結締組織 (dense irregular connective tissue)？(A) 肌腱　(B) 項韌帶 (ligamentum nuchae)　(C) 長骨骨外膜　(D) 陰莖的懸韌帶 (suspensory ligament)。

27. 下列何種固有結締組織 (connective tissue proper) 的細胞可以產生抗體？(A) 巨噬細胞 (macrophage)　(B) 漿細胞 (plasma cell)　(C) 成纖維細胞 (fibroblast)　(D) 肥胖細胞 (mast cell)。

28. 下列何者不是上皮組織衍生的構造？(A) 甲狀腺　(B) 胰臟的腺泡　(C) 腦下腺後葉　(D) 腎上腺皮質。

29. 下列何者無軟骨結構？(A) 肺葉支氣管 (lobar bronchus)　(B) 細支氣管 (bronchiole)　(C) 肺節支氣管 (segmental bronchus)　(D) 主支氣管 (primary bronchus)。

30. 下列何者的內襯上皮不是單層柱狀？(A) 胃　(B) 十二指腸　(C) 食道　(D) 降結腸。

解 答

1.B	2.D	3.D	4.B	5.B	6.C	7.B	8.D	9.C	10.B
11.D	12.C	13.B	14.A	15.C	16.D	17.D	18.D	19.A	20.C
21.D	22.B	23.A	24.C	25.C	26.C	27.B	28.C	29.B	30.C

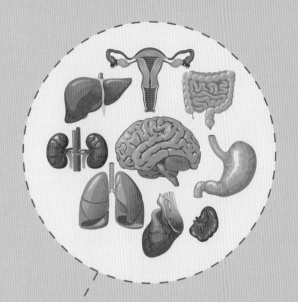

CHAPTER 03

骨骼結構組織
與中軸骨

Tissue Structure of the Bone and Axial Skeleton

MIND MAPS IN

ANATOMY & PHYSIOLOGY

- A SUMMATIVE REVIEW

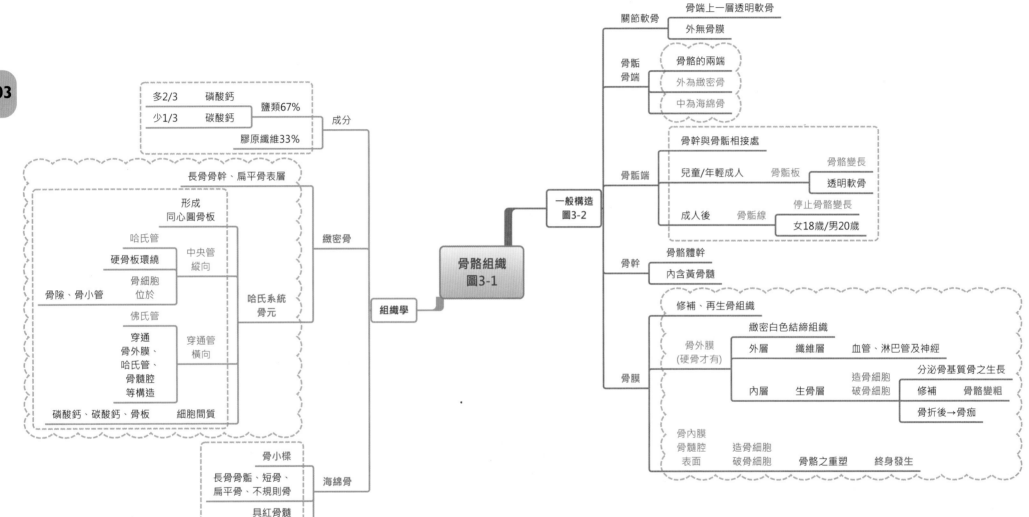

骨骼組織
圖3-1

組織學

成分
鹽類67%
多2/3 磷酸鈣
少1/3 碳酸鈣
膠原纖維33%

緻密骨
長骨骨幹、扁平骨表層
形成 同心圓骨板
哈氏管
硬骨板環繞
骨細胞 位於
佛氏管
中央管 縱向
哈氏系統 骨元
穿通 骨外膜、哈氏管、骨髓腔 等構造
穿通管 橫向
骨隙、骨小管
磷酸鈣、碳酸鈣、骨板 細胞間質

海綿骨
骨小樑
長骨骨骺、短骨、扁平骨、不規則骨
具紅骨髓

一般構造 圖3-2

關節軟骨
骨端上一層透明軟骨
外無骨膜

骨骺 骨端
骨骼的兩端
外為緻密骨
中為海綿骨

骨骺端
骨幹與骨骺相接處
兒童/年輕成人 骨骺板 — 骨骼變長 / 透明軟骨
成人後 骨骺線 — 停止骨骼變長 / 女18歲/男20歲

骨幹
骨骼體幹
內含黃骨髓

骨膜
修補、再生骨組織
骨外膜 (硬骨才有)
緻密白色結締組織
外層 纖維層 血管、淋巴管及神經
內層 生骨層
造骨細胞 — 分泌骨基質骨之生長
破骨細胞 — 修補 骨骼變粗
骨折後→骨痂
骨內膜 骨髓腔表面
造骨細胞 破骨細胞 骨骼之重塑 終身發生

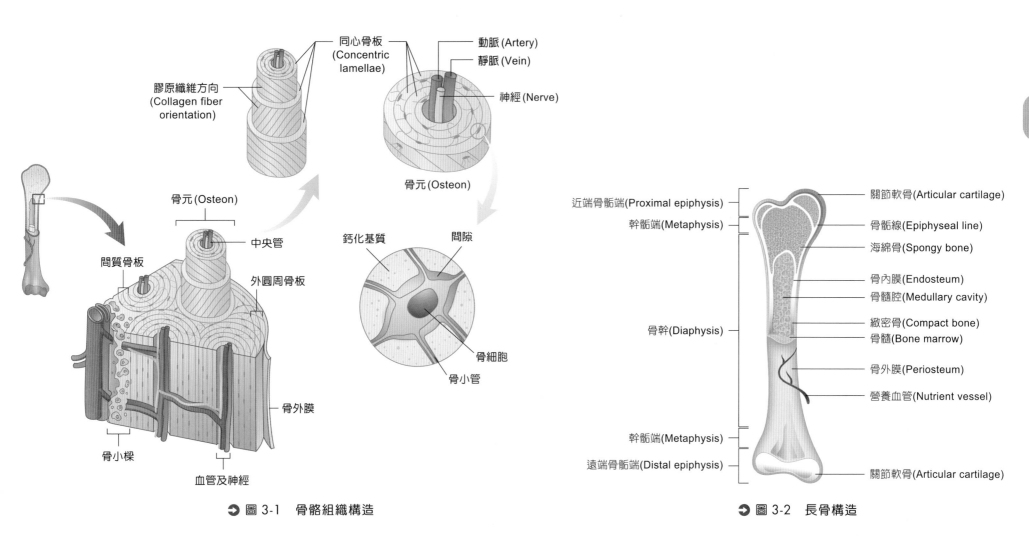

膠原纖維方向
(Collagen fiber
orientation)

同心骨板
(Concentric
lamellae)

動脈 (Artery)

靜脈 (Vein)

神經 (Nerve)

骨元 (Osteon)

骨元 (Osteon)

中央管

間質骨板

外圓周骨板

鈣化基質

間隙

骨外膜

骨細胞

骨小管

骨小樑

血管及神經

➔ 圖 3-1 骨骼組織構造

近端骨骺端(Proximal epiphysis)

幹骺端(Metaphysis)

骨幹(Diaphysis)

幹骺端(Metaphysis)

遠端骨骺端(Distal epiphysis)

關節軟骨(Articular cartilage)

骨骺線(Epiphyseal line)

海綿骨(Spongy bone)

骨內膜(Endosteum)

骨髓腔(Medullary cavity)

緻密骨(Compact bone)

骨髓(Bone marrow)

骨外膜(Periosteum)

營養血管(Nutrient vessel)

關節軟骨(Articular cartilage)

➔ 圖 3-2 長骨構造

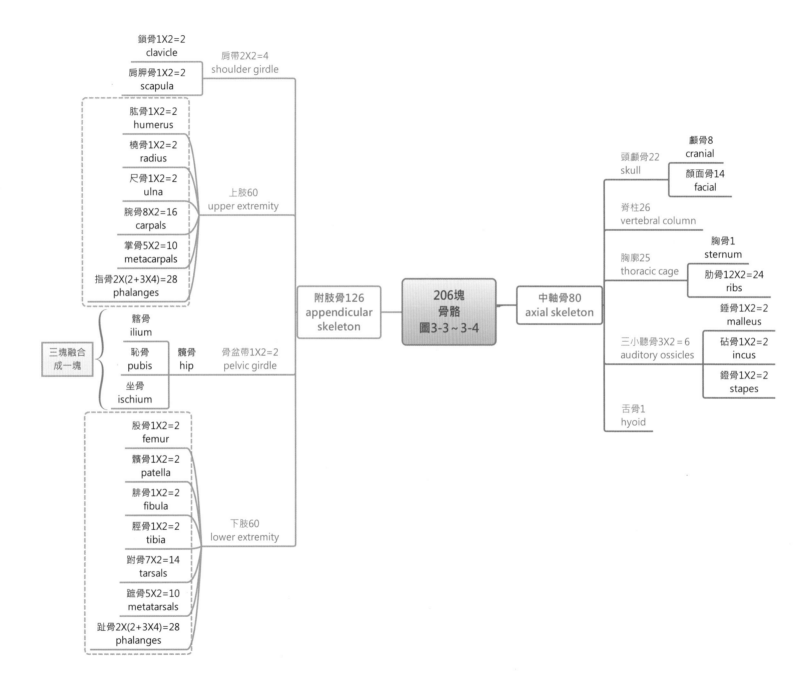

03

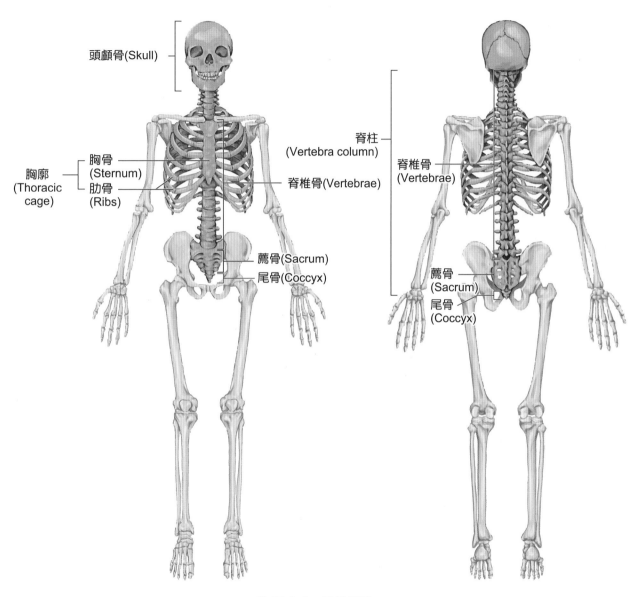

頭顱骨(Skull)

胸廓
(Thoracic
cage)

胸骨
(Sternum)

肋骨
(Ribs)

脊椎骨(Vertebrae)

薦骨(Sacrum)

尾骨(Coccyx)

脊柱
(Vertebra column)

脊椎骨
(Vertebrae)

薦骨
(Sacrum)

尾骨
(Coccyx)

➔ 圖 3-3　骨骼系統

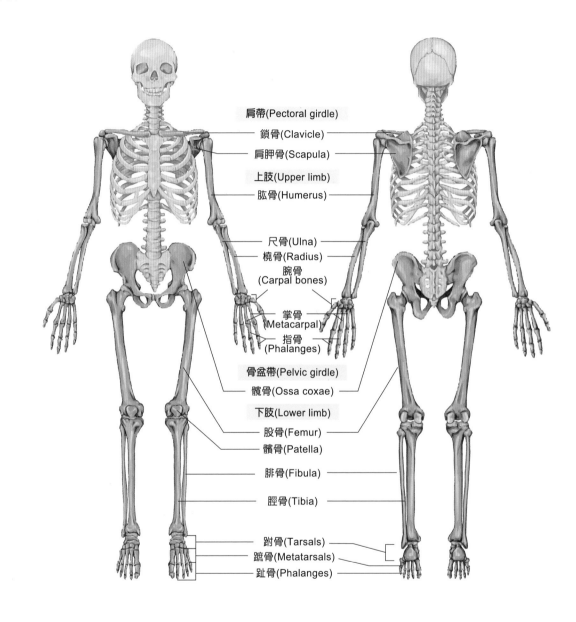

肩帶(Pectoral girdle)

鎖骨(Clavicle)

肩胛骨(Scapula)

上肢(Upper limb)

肱骨(Humerus)

尺骨(Ulna)

橈骨(Radius)

腕骨
(Carpal bones)

掌骨
(Metacarpal)

指骨
(Phalanges)

骨盆帶(Pelvic girdle)

髖骨(Ossa coxae)

下肢(Lower limb)

股骨(Femur)

髕骨(Patella)

腓骨(Fibula)

脛骨(Tibia)

跗骨(Tarsals)

蹠骨(Metatarsals)

趾骨(Phalanges)

● 圖 3-4　重要骨骼名稱

03

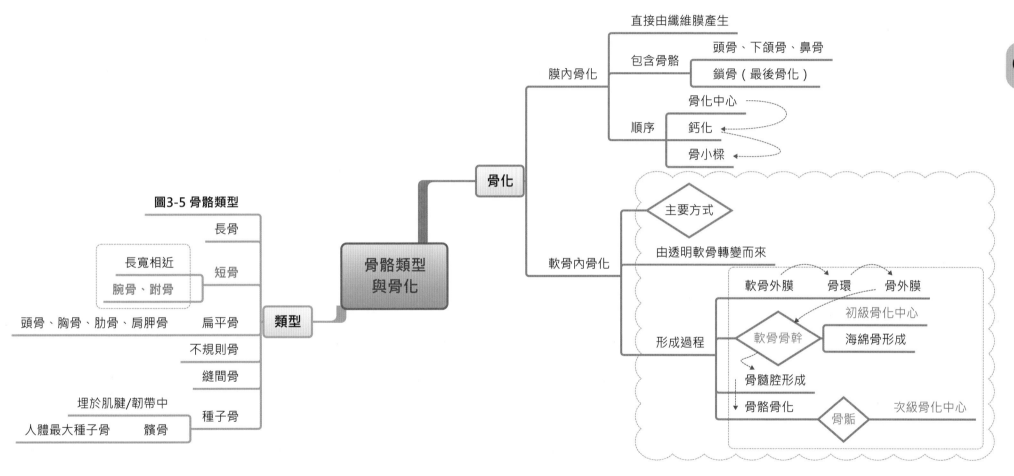

圖3-5 骨骼類型

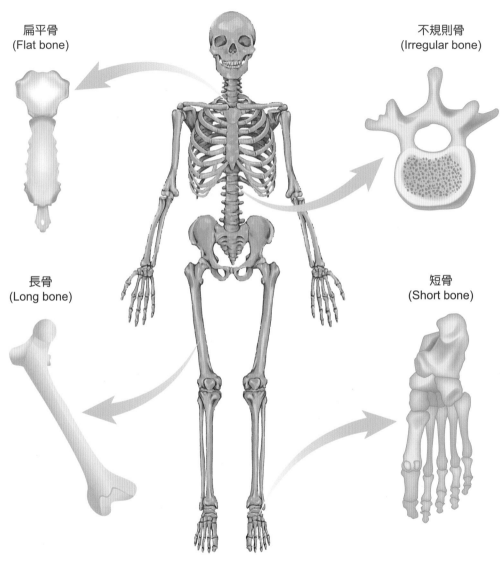

扁平骨
(Flat bone)

不規則骨
(Irregular bone)

長骨
(Long bone)

短骨
(Short bone)

➲ 圖 3-5　骨骼類型

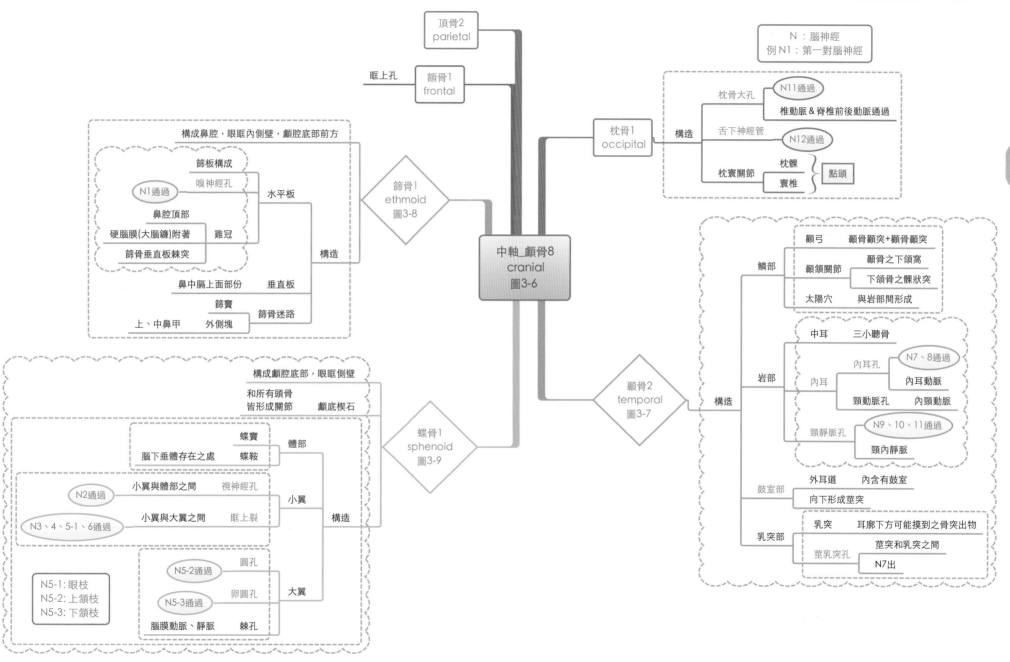

頂骨2
parietal

眶上孔 —— 額骨1
frontal

N：腦神經
例N1：第一對腦神經

枕骨大孔 —— N11通過
椎動脈＆脊椎前後動脈通過

枕骨1
occipital —— 構造 —— 舌下神經管 —— N12通過

枕寰關節 —— 枕髁
寰椎 —— 點頭

構成鼻腔，眼眶內側壁，顱腔底部前方

篩板構成

N1通過 嗅神經孔 —— 水平板

鼻腔頂部

硬腦膜(大腦鐮)附著 —— 雞冠

篩骨垂直板棘突

鼻中膈上面部份 —— 垂直板

篩竇

上、中鼻甲 —— 外側塊 —— 篩骨迷路

篩骨1
ethmoid
圖3-8

構造

中軸_顱骨8
cranial
圖3-6

顳弓 —— 顴骨顳突＋顳骨顴突

鱗部 —— 顳頜關節 —— 顳骨之下頜窩
下頜骨之髁狀突

太陽穴 —— 與岩部間形成

中耳 —— 三小聽骨

內耳孔 —— N7、8通過
內耳動脈

岩部 —— 內耳

頸動脈孔 —— 內頸動脈

頸靜脈孔 —— N9、10、11通過
頸內靜脈

顳骨2
temporal
圖3-7 —— 構造

外耳道 —— 內含有鼓室
鼓室部 —— 向下形成莖突

乳突 —— 耳廓下方可能摸到之骨突出物

乳突部 —— 莖乳突孔 —— 莖突和乳突之間
N7出

構成顱腔底部，眼眶側壁

和所有頭骨皆形成關節 —— 顱底楔石

蝶竇
腦下垂體存在之處 —— 蝶鞍 —— 體部

N2通過 —— 小翼與體部之間 —— 視神經孔

N3、4、5-1、6通過 —— 小翼與大翼之間 —— 眶上裂 —— 小翼

蝶骨1
sphenoid
圖3-9 —— 構造

N5-2通過 —— 圓孔

N5-3通過 —— 卵圓孔 —— 大翼

腦膜動脈、靜脈 —— 棘孔

N5-1：眼枝
N5-2：上頜枝
N5-3：下頜枝

03

03

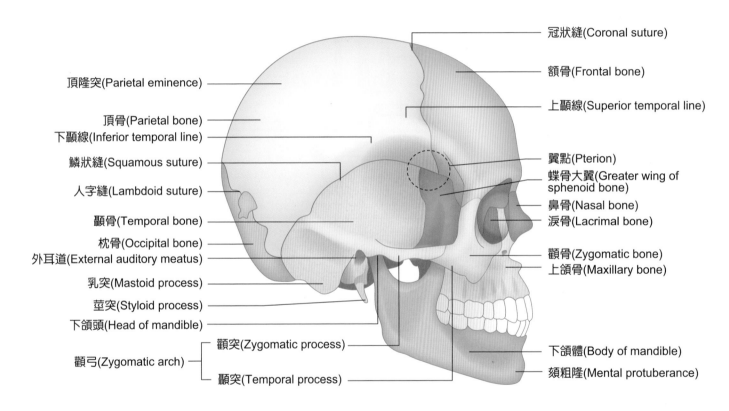

頂隆突(Parietal eminence)

頂骨(Parietal bone)
下顳線(Inferior temporal line)

鱗狀縫(Squamous suture)

人字縫(Lambdoid suture)

顳骨(Temporal bone)

枕骨(Occipital bone)
外耳道(External auditory meatus)

乳突(Mastoid process)

莖突(Styloid process)

下頜頭(Head of mandible)

顴弓(Zygomatic arch)

顴突(Zygomatic process)

顳突(Temporal process)

冠狀縫(Coronal suture)

額骨(Frontal bone)

上顳線(Superior temporal line)

翼點(Pterion)

蝶骨大翼(Greater wing of sphenoid bone)

鼻骨(Nasal bone)
淚骨(Lacrimal bone)

顴骨(Zygomatic bone)
上頜骨(Maxillary bone)

下頜體(Body of mandible)

頦粗隆(Mental protuberance)

● 圖 3-6 顱骨

03

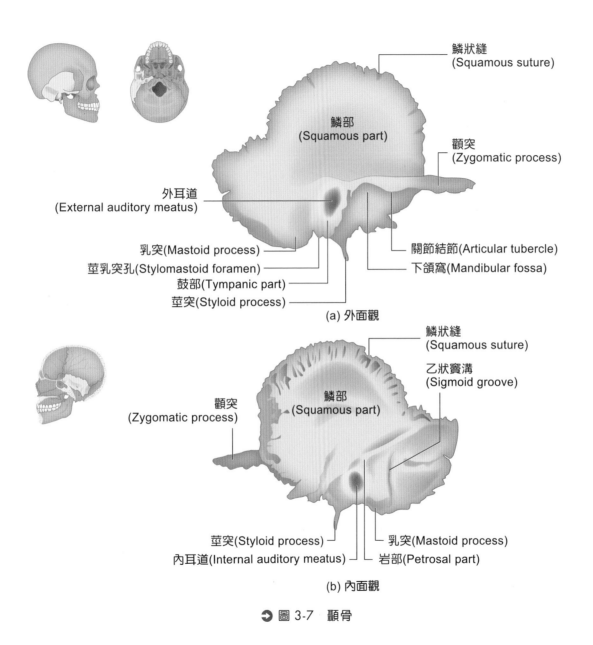

鱗狀縫
(Squamous suture)

鱗部
(Squamous part)

顴突
(Zygomatic process)

外耳道
(External auditory meatus)

乳突(Mastoid process)
莖乳突孔(Stylomastoid foramen)
鼓部(Tympanic part)
莖突(Styloid process)

關節結節(Articular tubercle)
下頜窩(Mandibular fossa)

(a) 外面觀

鱗狀縫
(Squamous suture)

乙狀竇溝
(Sigmoid groove)

顴突
(Zygomatic process)

鱗部
(Squamous part)

莖突(Styloid process)
內耳道(Internal auditory meatus)

乳突(Mastoid process)
岩部(Petrosal part)

(b) 內面觀

➔ 圖 3-7 顳骨

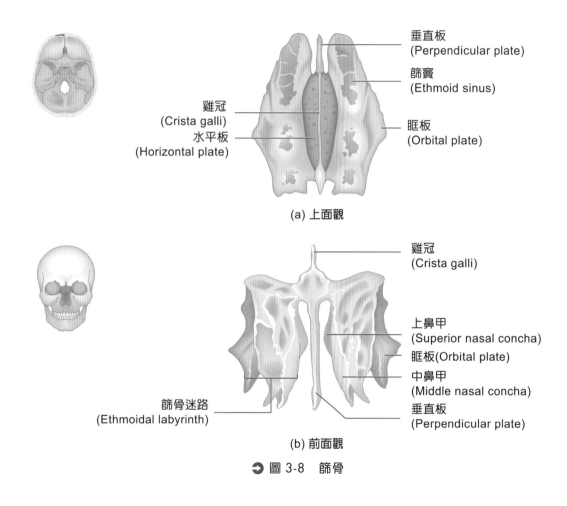

垂直板
(Perpendicular plate)

篩竇
(Ethmoid sinus)

雞冠
(Crista galli)

水平板
(Horizontal plate)

眶板
(Orbital plate)

(a) 上面觀

雞冠
(Crista galli)

上鼻甲
(Superior nasal concha)

眶板(Orbital plate)

中鼻甲
(Middle nasal concha)

垂直板
(Perpendicular plate)

篩骨迷路
(Ethmoidal labyrinth)

(b) 前面觀

● 圖 3-8　篩骨

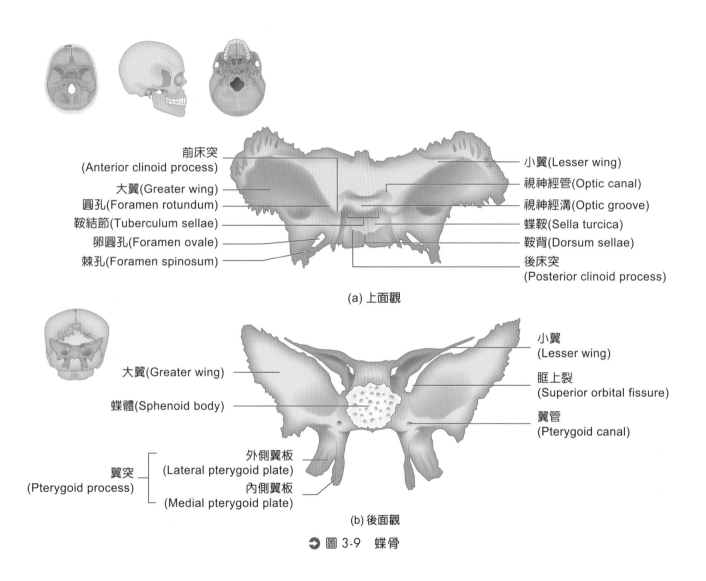

前床突
(Anterior clinoid process)

大翼(Greater wing)

圓孔(Foramen rotundum)

鞍結節(Tuberculum sellae)

卵圓孔(Foramen ovale)

棘孔(Foramen spinosum)

小翼(Lesser wing)

視神經管(Optic canal)

視神經溝(Optic groove)

蝶鞍(Sella turcica)

鞍背(Dorsum sellae)

後床突
(Posterior clinoid process)

(a) 上面觀

大翼(Greater wing)

蝶體(Sphenoid body)

外側翼板
(Lateral pterygoid plate)

內側翼板
(Medial pterygoid plate)

翼突
(Pterygoid process)

小翼
(Lesser wing)

眶上裂
(Superior orbital fissure)

翼管
(Pterygoid canal)

(b) 後面觀

➲ 圖 3-9　蝶骨

03

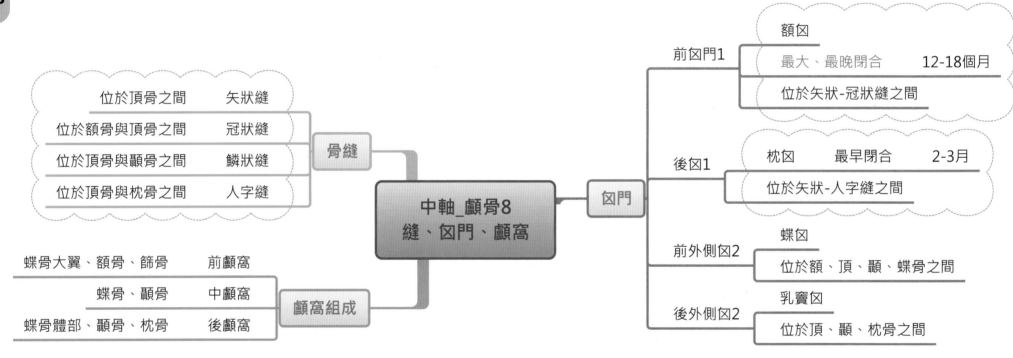

位於頂骨之間　矢狀縫
位於額骨與頂骨之間　冠狀縫
位於頂骨與顳骨之間　鱗狀縫
位於頂骨與枕骨之間　人字縫

骨縫

蝶骨大翼、額骨、篩骨　前顱窩
蝶骨、顳骨　中顱窩
蝶骨體部、顳骨、枕骨　後顱窩

顱窩組成

中軸_顱骨8
縫、囟門、顱窩

囟門

前囟門1
額囟
最大、最晚閉合　12-18個月
位於矢狀-冠狀縫之間

後囟1
枕囟　最早閉合　2-3月
位於矢狀-人字縫之間

前外側囟2
蝶囟
位於額、頂、顳、蝶骨之間

後外側囟2
乳竇囟
位於頂、顳、枕骨之間

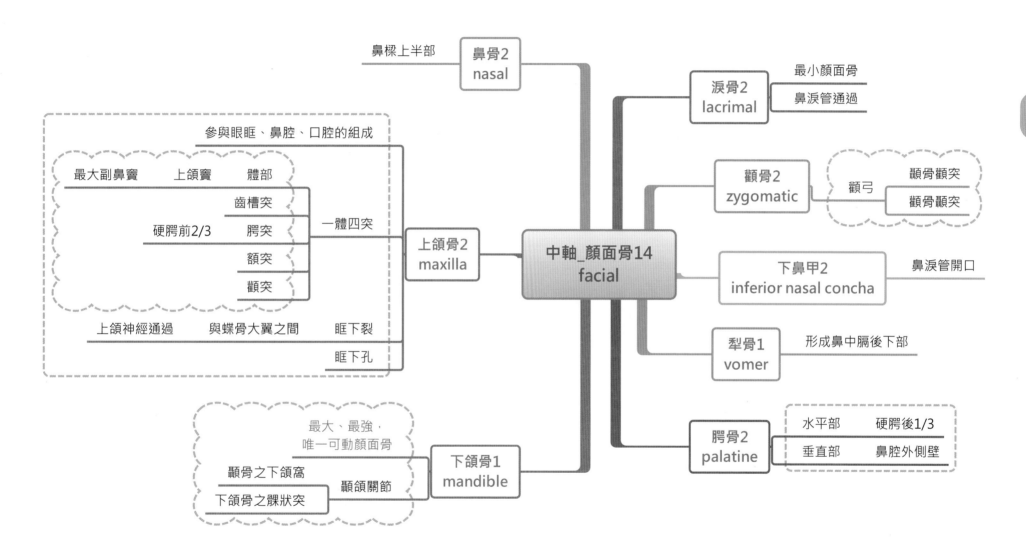

鼻樑上半部 —— 鼻骨2 nasal

最小顏面骨
淚骨2 lacrimal —— 鼻淚管通過

參與眼眶、鼻腔、口腔的組成

最大副鼻竇　上頜竇　體部

齒槽突

硬腭前2/3　腭突 —— 一體四突

額突

顴突

上頜神經通過　與蝶骨大翼之間　眶下裂

眶下孔

上頜骨2 maxilla

顴骨2 zygomatic　顴弓　顳骨顴突／顴骨顳突

中軸_顏面骨14 facial

下鼻甲2 inferior nasal concha —— 鼻淚管開口

犁骨1 vomer —— 形成鼻中膈後下部

最大、最強，唯一可動顏面骨

顴骨之下頜窩

下頜骨之髁狀突 —— 顳頜關節

下頜骨1 mandible

腭骨2 palatine

水平部　硬腭後1/3

垂直部　鼻腔外側壁

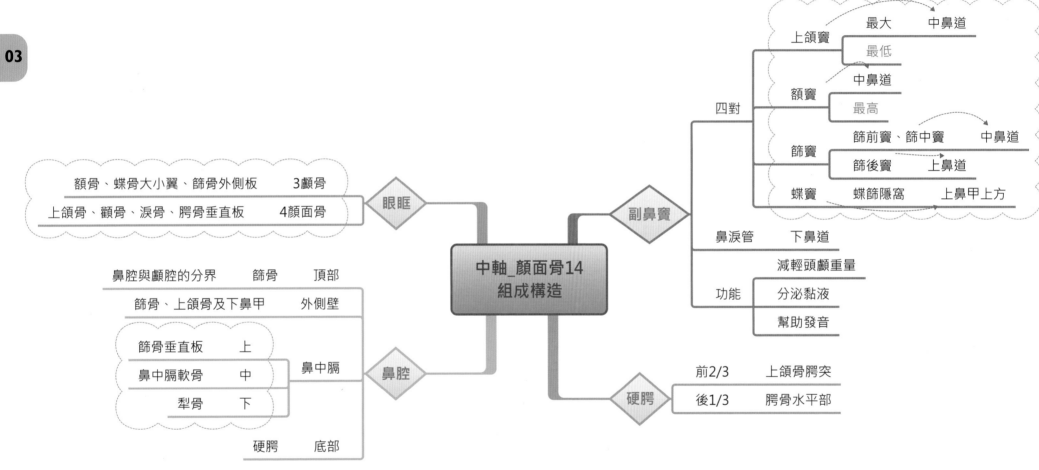

03

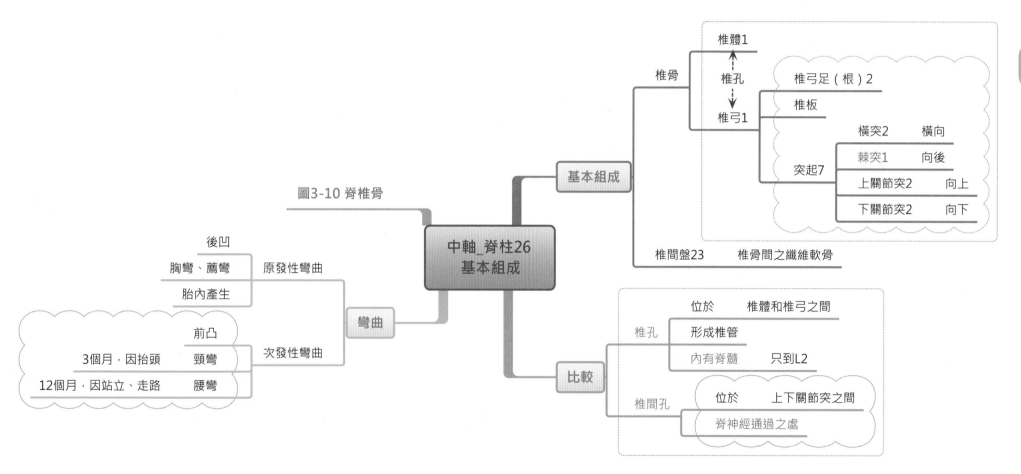

圖3-10 脊椎骨

中軸_脊柱26
基本組成

基本組成

椎骨

椎體1

椎孔

椎弓1

椎弓足（根）2

椎板

突起7

横突2　　横向

棘突1　　向後

上關節突2　　向上

下關節突2　　向下

椎間盤23　　椎骨間之纖維軟骨

彎曲

後凹

胸彎、薦彎　　原發性彎曲

胎內產生

前凸

3個月，因抬頭　　頸彎

12個月，因站立、走路　　腰彎

次發性彎曲

比較

椎孔

位於　　椎體和椎弓之間

形成椎管

內有脊髓　　只到L2

椎間孔

位於　　上下關節突之間

脊神經通過之處

03

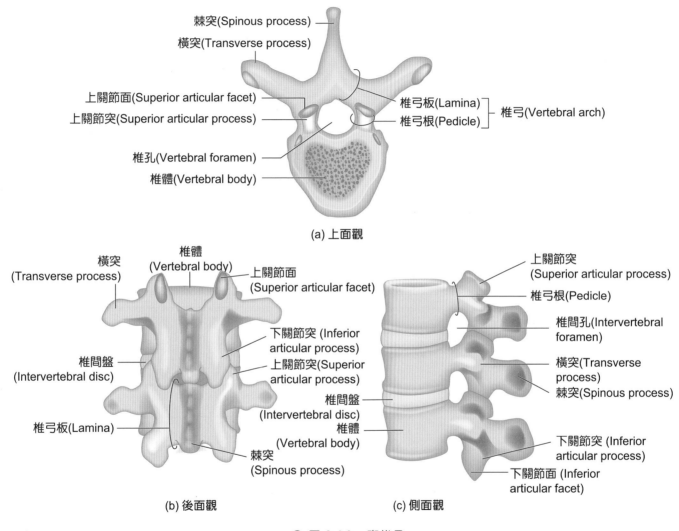

棘突(Spinous process)

橫突(Transverse process)

上關節面(Superior articular facet)

上關節突(Superior articular process)

椎弓板(Lamina)

椎弓根(Pedicle)

椎弓(Vertebral arch)

椎孔(Vertebral foramen)

椎體(Vertebral body)

(a) 上面觀

橫突 (Transverse process)

椎體 (Vertebral body)

上關節面 (Superior articular facet)

下關節突 (Inferior articular process)

椎間盤 (Intervertebral disc)

上關節突(Superior articular process)

椎弓板(Lamina)

棘突 (Spinous process)

(b) 後面觀

上關節突 (Superior articular process)

椎弓根(Pedicle)

椎間孔(Intervertebral foramen)

橫突(Transverse process)

棘突(Spinous process)

椎間盤 (Intervertebral disc)

椎體 (Vertebral body)

下關節突 (Inferior articular process)

下關節面 (Inferior articular facet)

(c) 側面觀

→ 圖 3-10 脊椎骨

03

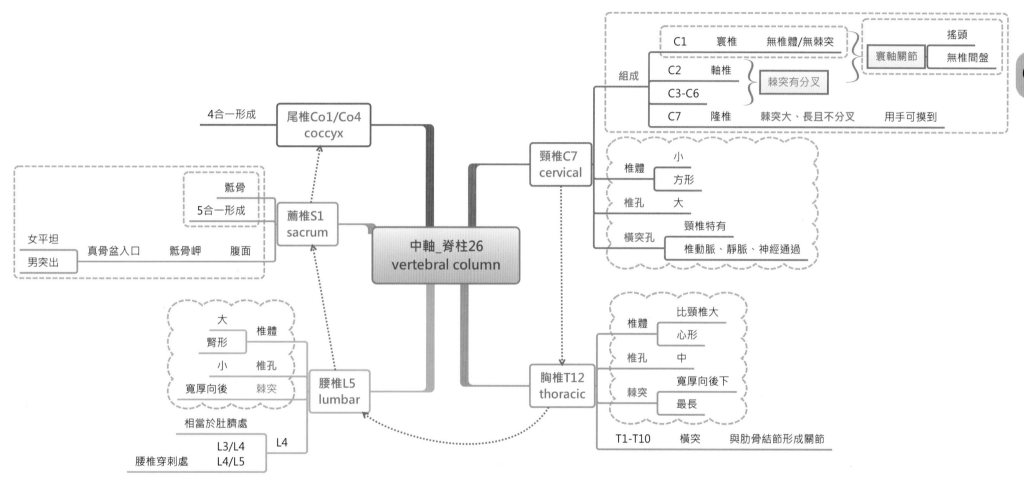

中軸_脊柱26
vertebral column

頸椎C7
cervical

組成
C1　寰椎　無椎體/無棘突
C2　軸椎
C3-C6　棘突有分叉
C7　隆椎　棘突大、長且不分叉　用手可摸到

寰軸關節　搖頭
無椎間盤

椎體　小　方形
椎孔　大
橫突孔　頸椎特有　椎動脈、靜脈、神經通過

尾椎Co1/Co4
coccyx
4合一形成

薦椎S1
sacrum
骶骨
5合一形成
女平坦
男突出　真骨盆入口　骶骨岬　腹面

腰椎L5
lumbar
椎體　大　腎形
椎孔　小
棘突　寬厚向後
相當於肚臍處
L4
L3/L4
腰椎穿刺處　L4/L5

胸椎T12
thoracic
椎體　比頸椎大　心形
椎孔　中
棘突　寬厚向後下　最長
T1-T10　橫突　與肋骨結節形成關節

03

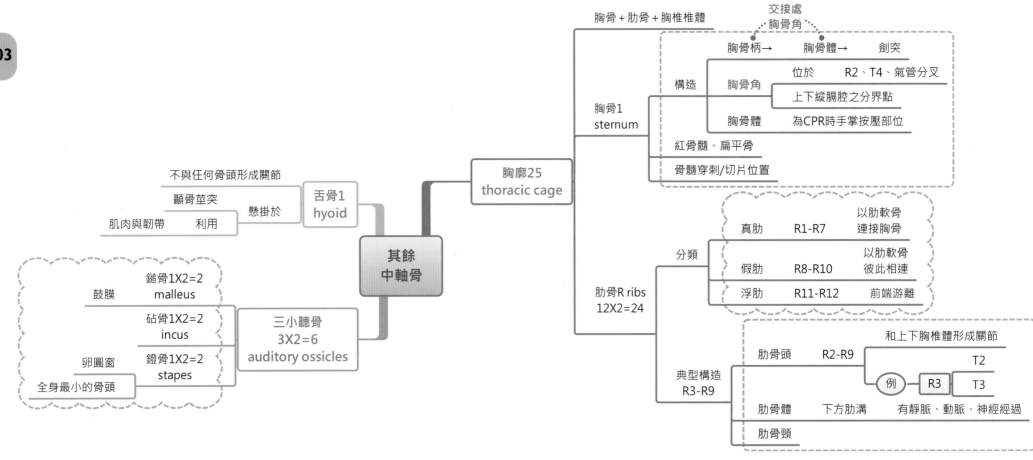

不與任何骨頭形成關節

顳骨莖突

肌肉與韌帶　利用　懸掛於　舌骨1
hyoid

鼓膜

鎚骨1X2=2
malleus

砧骨1X2=2
incus

卵圓窗

全身最小的骨頭

鐙骨1X2=2
stapes

三小聽骨
3X2=6
auditory ossicles

其餘
中軸骨

胸廓25
thoracic cage

胸骨 + 肋骨 + 胸椎椎體

交接處
胸骨角

胸骨柄→　　胸骨體→　　劍突

構造

胸骨1
sternum

胸骨角　位於　R2、T4、氣管分叉

上下縱膈腔之分界點

胸骨體　為CPR時手掌按壓部位

紅骨髓、扁平骨

骨髓穿刺/切片位置

肋骨R ribs
12X2=24

分類

真肋　R1-R7　以肋軟骨連接胸骨

假肋　R8-R10　以肋軟骨彼此相連

浮肋　R11-R12　前端游離

典型構造
R3-R9

肋骨頭　R2-R9　和上下胸椎體形成關節

例　R3　T2 / T3

肋骨體　下方肋溝　有靜脈、動脈、神經經過

肋骨頸

課後複習

1. 下列哪一種副鼻竇位於顏面骨 (facial bones)？(A) 額竇 (frontal sinus) (B) 蝶竇 (sphenoidal sinus) (C) 篩竇 (ethmoidal sinus) (D) 上頜竇 (maxillary sinus)。

2. 有關成人脊柱 (vertebral column) 的敘述，下列何者正確？(A) 含有 26 塊脊椎骨 (vertebra) (B) 含有 25 個椎間盤 (intervertebral disc) (C) 每一脊椎都有橫突孔 (transverse foramen) (D) 每一椎間盤中間由纖維環 (annulus fibrosus) 所構成。

3. 下列椎骨中，何者的棘突 (spinous process) 最長？(A) 第 5 頸椎 (B) 第 5 胸椎 (C) 第 5 腰椎 (D) 第 5 薦椎。

4. 在青春期，下列何者對長骨的「縱向生長」最為重要？(A) 骨外膜 (periosteum) (B) 骨內膜 (endosteum) (C) 骨骺板 (epiphyseal plate) (D) 骨骺線 (epiphyseal line)。

5. 小腿脛骨 (tibia) 的外形，屬於下列何種骨骼？(A) 長骨 (B) 短骨 (C) 扁平骨 (D) 種子骨。

6. 下列何者稱為隆椎 (vertebra prominens)？(A) 第一胸椎 (B) 第五腰椎 (C) 第七頸椎 (D) 薦骨 (sacrum)。

7. 肩帶 (pectoral girdle) 中的哪塊骨骼連接到中軸骨 (axial skeleton)？(A) 胸骨 (sternum) (B) 鎖骨 (clavicle) (C) 胸椎 (thoracic vertebrae) (D) 肩胛骨 (scapula)。

8. 下列有關椎骨的敘述，何者錯誤？(A) 頸椎及胸椎皆有橫突 (B) 椎間盤位於椎體之間 (C) 每個椎孔皆有脊髓通過 (D) 每個椎間孔皆有脊神經通過。

9. 下列哪一塊骨頭中不具有副鼻竇的構造？(A) 上頜骨 (B) 下頜骨 (C) 篩骨 (D) 蝶骨。

10. 下列哪一構造沒有骨外膜 (periosteum) 的覆蓋？(A) 骨幹 (diaphysis) (B) 頂骨的外骨板 (outer lamella) (C) 幹骺端 (metaphysis) (D) 關節軟骨 (articular cartilage)。

11. 下列哪一構造位於蝶骨小翼 (lesser wing of sphenoid)？(A) 棘孔 (foramen spinosum) (B) 卵圓孔 (foramen ovale) (C) 圓孔 (foramen rotundum) (D) 視神經孔 (optic foramen)。

12. 下列有關典型椎骨 (typical vertebrae) 的敘述，何者正確？(A) 椎體位向人體的後面 (posterior) (B) 棘突 (spinous process) 為肌肉的附著點 (C) 椎孔 (vertebral foramen) 是脊神經通過的構造 (D) 椎間孔 (intervertebral foramen) 是椎體與椎弓間的空間。

13. 下列何者是人體呈現解剖學姿勢時，位置最低的副鼻竇 (paranasal sinus)？(A) 額竇 (frontal sinus) (B) 篩竇 (ethmoidal sinus) (C) 上頜竇 (maxillary sinus) (D) 蝶竇 (sphenoidal sinus)。

14. 下列何者介於蝶骨的小翼與大翼之間？(A) 棘孔 (foramen spinosum) (B) 圓孔 (foramen rotundum) (C) 卵圓孔 (foramen ovale) (D) 眶上裂 (superior orbital fissure)。

15. 下列何者連接顱腔與椎管？(A) 卵圓孔 (B) 頸動脈管 (C) 枕骨大孔 (D) 頸靜脈孔。

16. 下列何者含副鼻竇？(A) 鼻骨 (B) 顴骨 (C) 腭骨 (D) 額骨。

17. 下列何者是骨細胞之間相通的構造？(A) 骨小管 (canaliculi) (B) 中央管 (central canal) (C) 骨小樑 (trabeculae) (D) 佛氏管 (Volkmann's canal)。

18. 舌下神經 (hypoglossal nerve) 穿過哪塊骨骼？(A) 篩骨 (ethmoid bone) (B) 顳骨 (temporal bone) (C) 枕骨 (occipital bone) (D) 蝶骨 (sphenoid bone)。

19. 上頜骨不參與形成下列哪個腔室？(A) 顱腔 (B) 眼眶 (C) 鼻腔 (D) 口腔。

20. 下列何者屬於海綿骨 (spongy bone) 的構造？(A) 骨小樑 (trabeculae) (B) 穿通管 (perforating canal) (C) 佛氏管 (Volkmann's canal) (D) 哈氏系統 (Haversian system)。

21. 下列何者是位於新生兒頂骨、枕骨、及顳骨交會處的構造？(A) 前囟 (anterior fontanel) (B) 後囟 (posterior fontanel) (C) 前外側囟 (anterolateral fontanel) (D) 後外側囟 (posterolateral fontanel)。

22. 顴弓 (zygomatic arch) 是由顴骨與下列何者共同組成？(A) 額骨 (B) 顳骨 (C) 蝶骨 (D) 上頜骨。

23. 人體骨骼的重塑 (remodeling)，自生長起至何時停止？(A) 出生時 (B) 青春期 (C) 壯年期 (D) 生命終止時。

24. 人體第二對腦神經 (cranial nerve) 會通過蝶骨 (sphenoid bone) 的哪一構造？(A) 蝶骨體 (sphenoid body) (B) 蝶骨小翼 (lesser wing of sphenoid) (C) 眶上裂 (superior orbital fissure) (D) 蝶骨大翼 (greater wing of sphenoid)。

25. 下列何者是海綿骨的結構成分？(A) 骨小樑 (trabecula) (B) 骨單位 (osteon) (C) 中央管 (central canal) (D) 穿通管 (perforating canal)。

解 答

1.D	2.A	3.B	4.C	5.A	6.C	7.B	8.C	9.B	10.D
11.D	12.B	13.C	14.D	15.C	16.D	17.A	18.C	19.A	20.A
21.D	22.B	23.D	24.B	25.A					

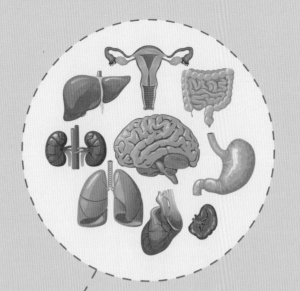

CHAPTER 04

附肢骨與關節 ●
Appendicular Skeleton and Joints

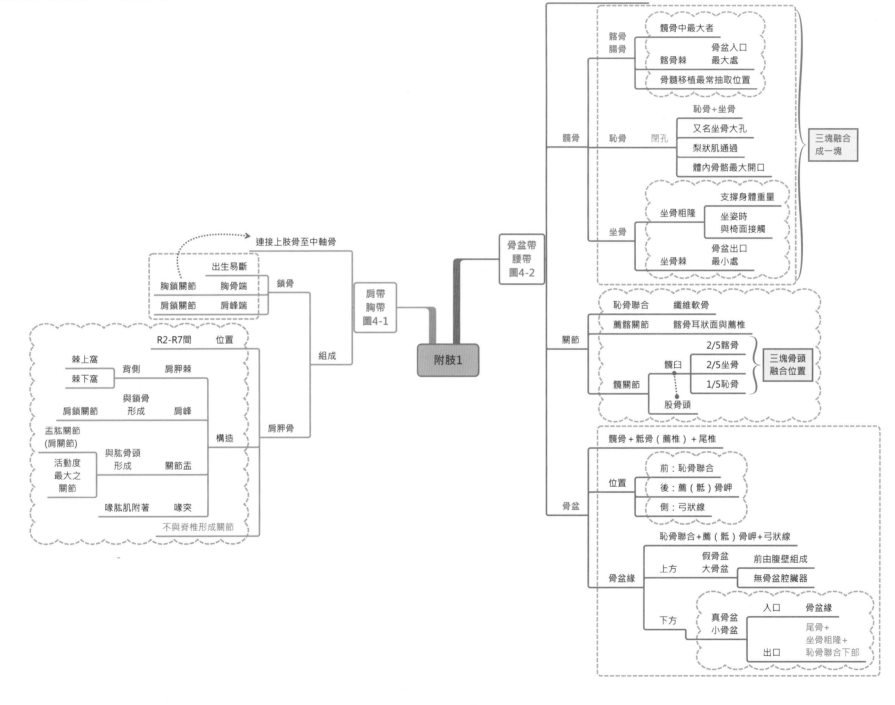

04

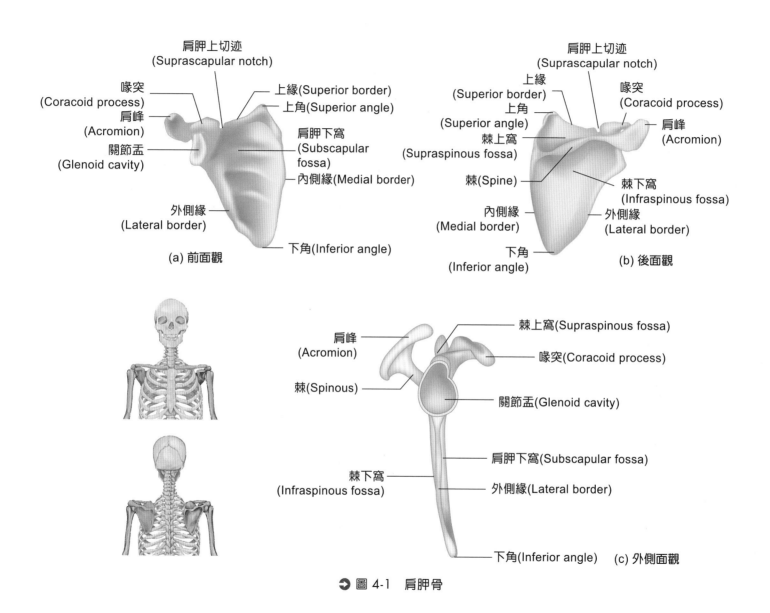

肩胛上切迹
(Suprascapular notch)

喙突
(Coracoid process)

肩峰
(Acromion)

關節盂
(Glenoid cavity)

外側緣
(Lateral border)

上緣(Superior border)
上角(Superior angle)

肩胛下窩
(Subscapular fossa)

內側緣(Medial border)

下角(Inferior angle)

(a) 前面觀

肩胛上切迹
(Suprascapular notch)

上緣
(Superior border)
上角
(Superior angle)

棘上窩
(Supraspinous fossa)

棘(Spine)

內側緣
(Medial border)

下角
(Inferior angle)

喙突
(Coracoid process)

肩峰
(Acromion)

棘下窩
(Infraspinous fossa)

外側緣
(Lateral border)

(b) 後面觀

肩峰
(Acromion)

棘(Spinous)

棘下窩
(Infraspinous fossa)

棘上窩(Supraspinous fossa)

喙突(Coracoid process)

關節盂(Glenoid cavity)

肩胛下窩(Subscapular fossa)

外側緣(Lateral border)

下角(Inferior angle)　(c) 外側面觀

➔ 圖 4-1　肩胛骨

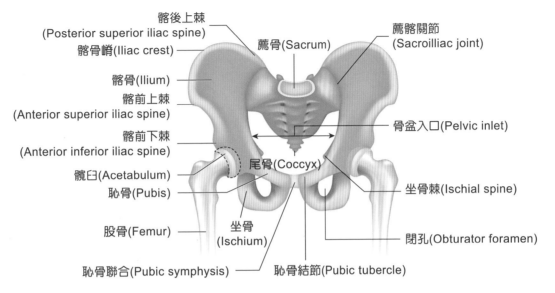

> 圖 4-2　腰帶

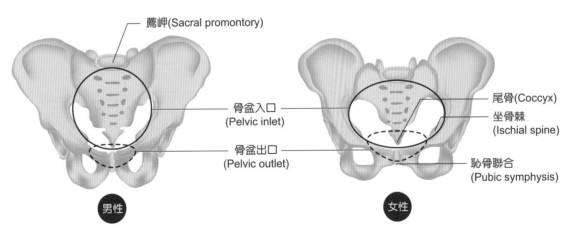

> 圖 4-3　骨盆比較

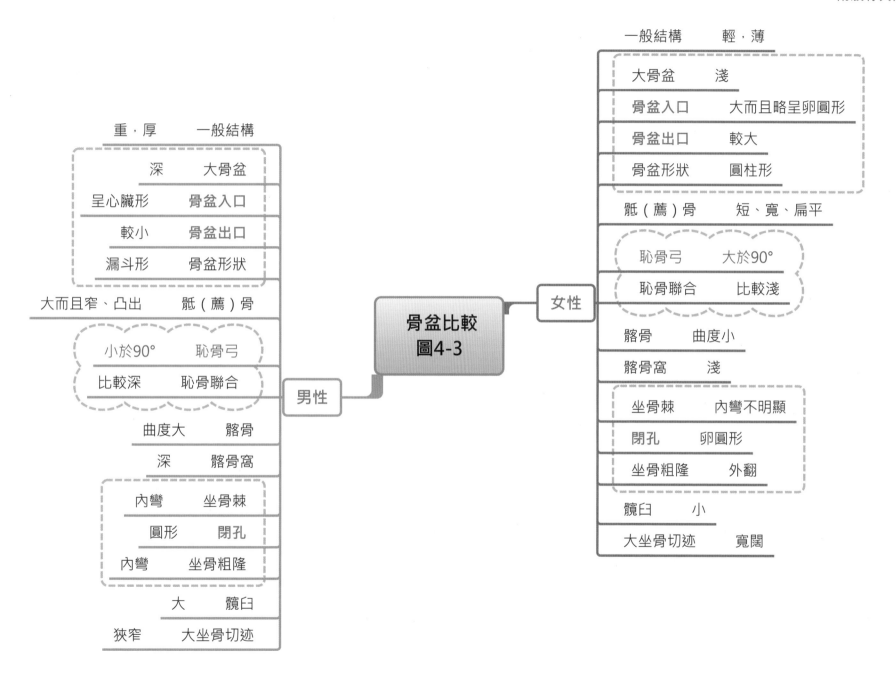

一般結構　　　輕‧薄

大骨盆　　　淺

骨盆入口　　　大而且略呈卵圓形

骨盆出口　　　較大

骨盆形狀　　　圓柱形

骶（薦）骨　　　短、寬、扁平

恥骨弓　　　大於90°

恥骨聯合　　　比較淺

髂骨　　　曲度小

髂骨窩　　　淺

坐骨棘　　　內彎不明顯

閉孔　　　卵圓形

坐骨粗隆　　　外翻

髖臼　　　小

大坐骨切迹　　　寬闊

女性

骨盆比較
圖4-3

男性

重‧厚　　　一般結構

深　　　大骨盆

呈心臟形　　　骨盆入口

較小　　　骨盆出口

漏斗形　　　骨盆形狀

大而且窄、凸出　　　骶（薦）骨

小於90°　　　恥骨弓

比較深　　　恥骨聯合

曲度大　　　髂骨

深　　　髂骨窩

內彎　　　坐骨棘

圓形　　　閉孔

內彎　　　坐骨粗隆

大　　　髖臼

狹窄　　　大坐骨切迹

04

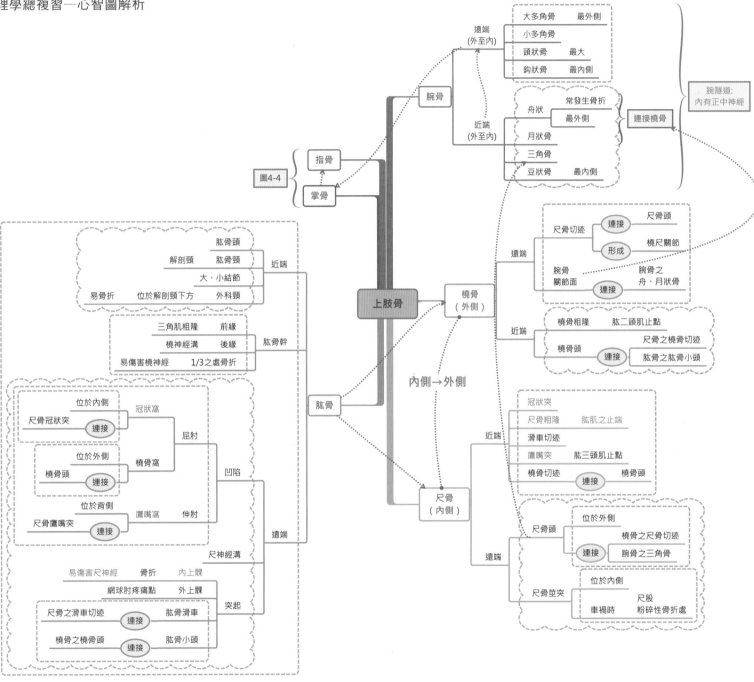

04

04

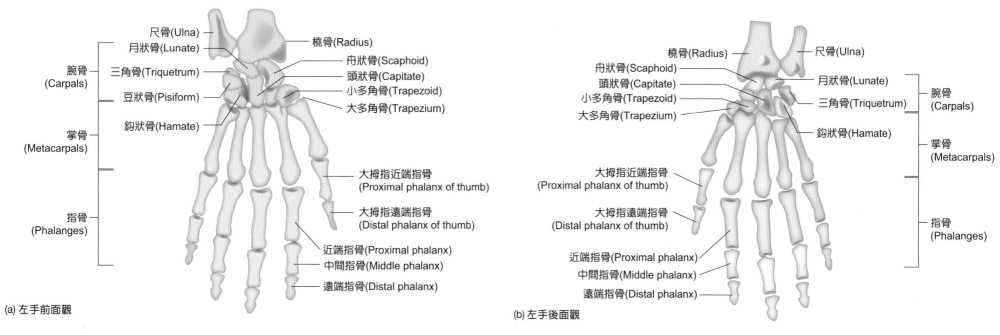

(a) 左手前面觀

(b) 左手後面觀

➔ 圖 4-4　掌骨與指骨

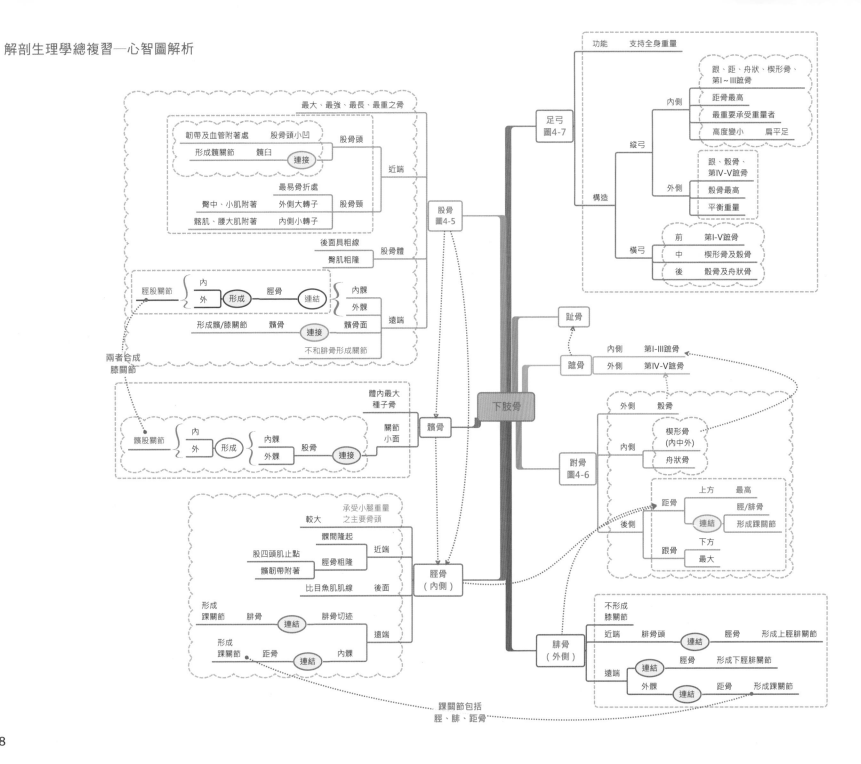

04

功能　　支持全身重量

跟、距、舟狀骨、楔形骨、
第I～III蹠骨

內側
　距骨最高
　最重要承受重量者
　高度變小　扁平足

足弓
圖4-7

構造

縱弓

外側
　跟、骰骨、
　第IV-V蹠骨
　骰骨最高
　平衡重量

橫弓
　前　第I-V蹠骨
　中　楔形骨及骰骨
　後　骰骨及舟狀骨

最大、最強、最長、最重之骨

韌帶及血管附著處　股骨頭小凹
形成髖關節　髖臼　連接

股骨頭
近端

最易骨折處
臀中、小肌附著　外側大轉子　股骨頸
髂肌、腰大肌附著　內側小轉子

股骨
圖4-5

後面具粗線
臀肌粗隆　股骨體

脛股關節　內/外　形成　脛骨　連結　內髁/外髁
形成髕/膝關節　髕骨　連接　髕骨面
不和腓骨形成關節
遠端

兩者合成
膝關節

趾骨

蹠骨　內側　第I-III蹠骨　外側　第IV-V蹠骨

下肢骨

體內最大
種子骨
關節
小面　髕骨

髕股關節　內/外　形成　內髁/外髁　股骨　連接

外側　骰骨

跗骨
圖4-6
內側　楔形骨（內中外）　舟狀骨

後側

距骨　上方　最高　脛/腓骨　連結　形成踝關節
跟骨　下方　最大

承受小腿重量
之主要骨頭

較大
髁間隆起　近端
股四頭肌止點　脛骨粗隆
髕韌帶附著

脛骨
（內側）

比目魚肌肌線　後面

形成
踝關節　腓骨　連結　腓骨切迹
遠端
形成
踝關節　距骨　連結　內踝

不形成
膝關節

腓骨
（外側）
近端　腓骨頭　連結　脛骨　形成上脛腓關節

遠端　連結　脛骨　形成下脛腓關節
外踝　連結　距骨　形成踝關節

踝關節包括
脛、腓、距骨

04

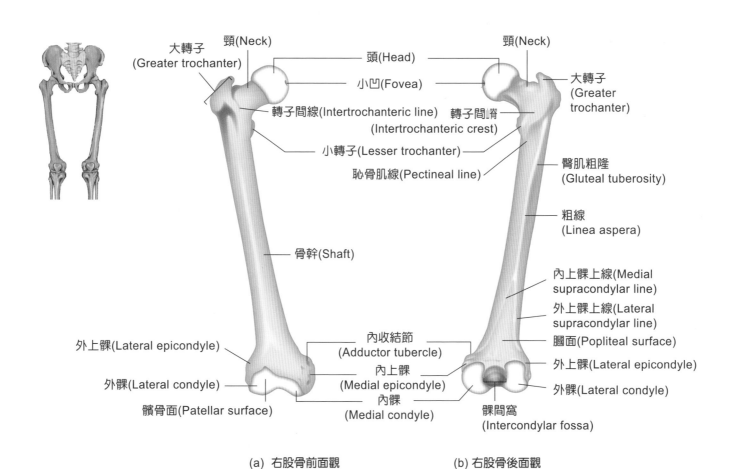

頸(Neck)
大轉子
(Greater trochanter)
頭(Head)
小凹(Fovea)
轉子間線(Intertrochanteric line)
小轉子(Lesser trochanter)
恥骨肌線(Pectineal line)
骨幹(Shaft)

頸(Neck)
大轉子
(Greater trochanter)
轉子間嵴
(Intertrochanteric crest)
臀肌粗隆
(Gluteal tuberosity)
粗線
(Linea aspera)
內上髁上線(Medial supracondylar line)
外上髁上線(Lateral supracondylar line)
膕面(Popliteal surface)

外上髁(Lateral epicondyle)
外髁(Lateral condyle)
髕骨面(Patellar surface)
內收結節
(Adductor tubercle)
內上髁
(Medial epicondyle)
內髁
(Medial condyle)
外上髁(Lateral epicondyle)
外髁(Lateral condyle)
髁間窩
(Intercondylar fossa)

(a) 右股骨前面觀　　　(b) 右股骨後面觀

➲ 圖 4-5　股骨

04

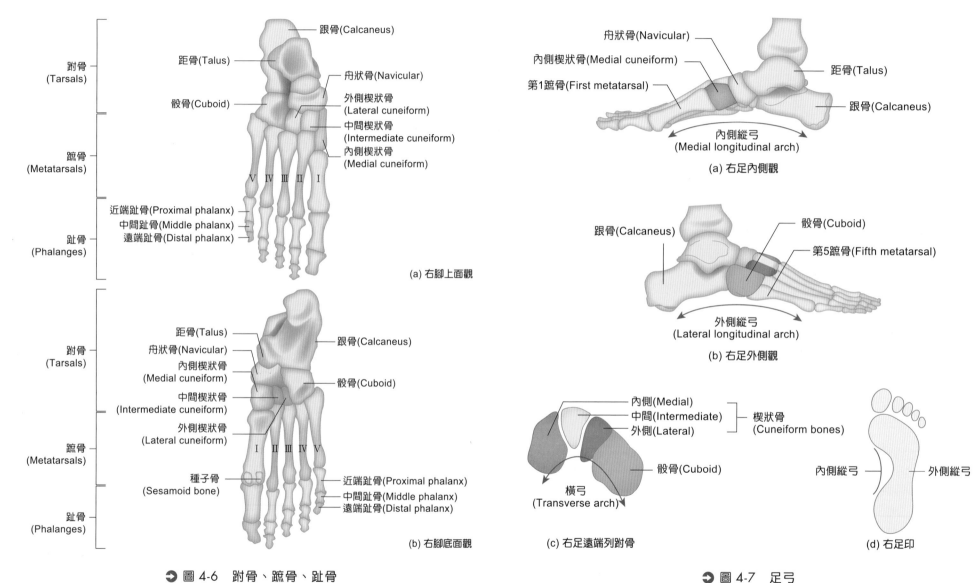

跗骨(Tarsals)
蹠骨(Metatarsals)
趾骨(Phalanges)

跟骨(Calcaneus)
距骨(Talus)
骰骨(Cuboid)
舟狀骨(Navicular)
外側楔狀骨(Lateral cuneiform)
中間楔狀骨(Intermediate cuneiform)
內側楔狀骨(Medial cuneiform)
V IV III II I
近端趾骨(Proximal phalanx)
中間趾骨(Middle phalanx)
遠端趾骨(Distal phalanx)

(a) 右腳上面觀

跗骨(Tarsals)
蹠骨(Metatarsals)
趾骨(Phalanges)

距骨(Talus)
舟狀骨(Navicular)
內側楔狀骨(Medial cuneiform)
中間楔狀骨(Intermediate cuneiform)
外側楔狀骨(Lateral cuneiform)
跟骨(Calcaneus)
骰骨(Cuboid)
I II III IV V
種子骨(Sesamoid bone)
近端趾骨(Proximal phalanx)
中間趾骨(Middle phalanx)
遠端趾骨(Distal phalanx)

(b) 右腳底面觀

➲ 圖 4-6　跗骨、蹠骨、趾骨

舟狀骨(Navicular)
內側楔狀骨(Medial cuneiform)
第1蹠骨(First metatarsal)
距骨(Talus)
跟骨(Calcaneus)
內側縱弓(Medial longitudinal arch)

(a) 右足內側觀

跟骨(Calcaneus)
骰骨(Cuboid)
第5蹠骨(Fifth metatarsal)
外側縱弓(Lateral longitudinal arch)

(b) 右足外側觀

內側(Medial)
中間(Intermediate)
外側(Lateral)
楔狀骨(Cuneiform bones)
骰骨(Cuboid)
橫弓(Transverse arch)

(c) 右足遠端列跗骨

內側縱弓
外側縱弓

(d) 右足印

➲ 圖 4-7　足弓

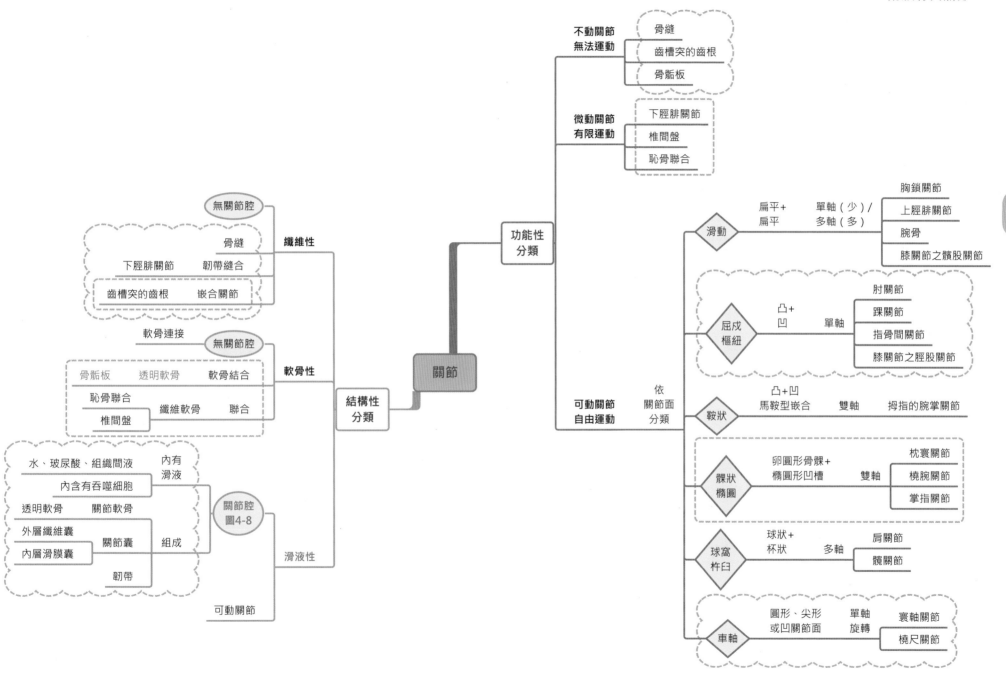

04

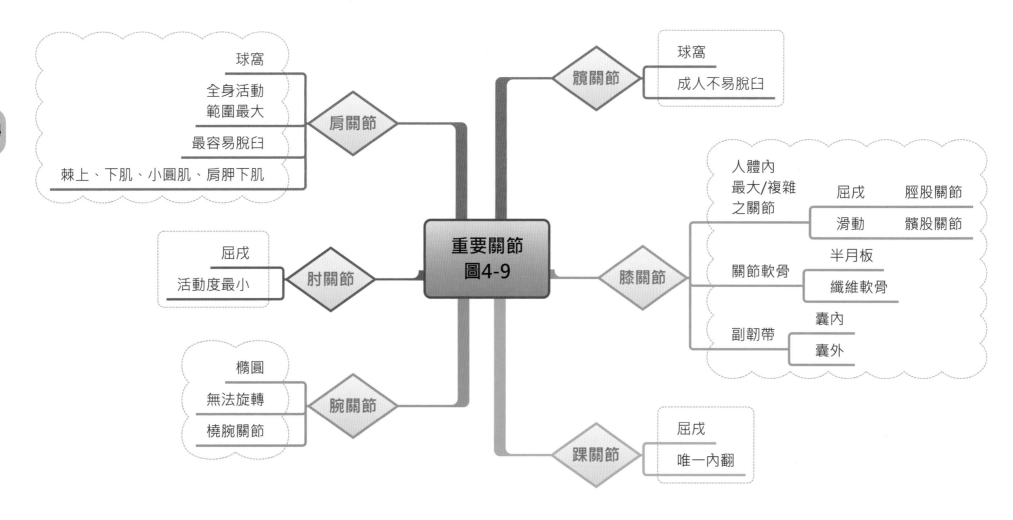

球窩

全身活動
範圍最大

最容易脫臼

棘上、下肌、小圓肌、肩胛下肌

肩關節

髖關節

球窩

成人不易脫臼

屈戍

活動度最小

肘關節

重要關節
圖4-9

膝關節

人體內
最大/複雜
之關節

屈戍   脛股關節

滑動   髕股關節

關節軟骨

半月板

纖維軟骨

副韌帶

囊內

囊外

橢圓

無法旋轉

橈腕關節

腕關節

踝關節

屈戍

唯一內翻

04

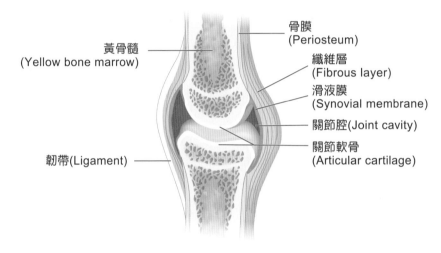

黃骨髓
(Yellow bone marrow)

骨膜
(Periosteum)

纖維層
(Fibrous layer)

滑液膜
(Synovial membrane)

關節腔(Joint cavity)

關節軟骨
(Articular cartilage)

韌帶(Ligament)

➜ 圖 4-8　關節腔

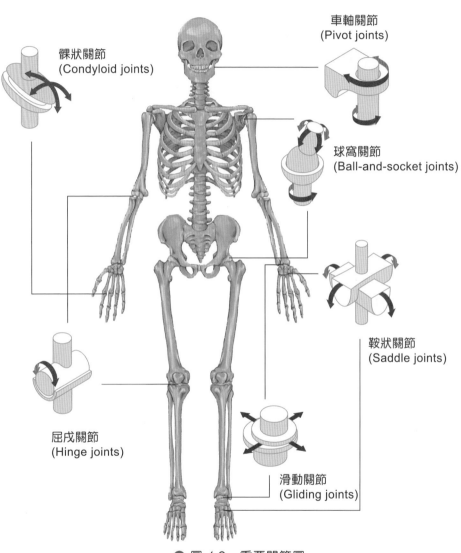

髁狀關節
(Condyloid joints)

車軸關節
(Pivot joints)

球窩關節
(Ball-and-socket joints)

鞍狀關節
(Saddle joints)

屈戌關節
(Hinge joints)

滑動關節
(Gliding joints)

➜ 圖 4-9　重要關節圖

課後複習

1. 下列何者屬於尺骨 (ulna) 近端的骨面構造？(A) 滑車 (trochlea) (B) 橈骨窩 (radial fossa) (C) 冠狀突 (coronoid process) (D) 鷹嘴窩 (olecranon fossa)。

2. 下列何者是包覆肩關節使其強固穩定的主要構造？(A) 盂肱韌帶 (glenohumeral ligament) (B) 喙鎖韌帶 (coracoclavicular ligament) (C) 肱橫韌帶 (transverse humeral ligament) (D) 肩峰鎖韌帶 (acromioclavicular ligament)。

3. 下列哪一條肌肉的起點 (origin) 位於肱骨的內上髁 (medial epicondyle)？(A) 掌長肌 (palmaris longus) (B) 伸指肌 (extensor digitorum) (C) 橈側伸腕短肌 (extensor carpi radialis brevis) (D) 橈側伸腕長肌 (extensor carpi radialis longus)。

4. 閉孔 (obturator foramen) 是由下列哪兩塊骨骼構成？(A) 髂骨 (ilium) 和薦骨 (B) 髂骨和恥骨 (pubis) (C) 坐骨 (ischium) 和恥骨 (D) 坐骨和薦骨。

5. 下列何種關節可做迴旋 (circumduction) 動作？(A) 踝關節 (ankle joint) (B) 肩關節 (shoulder joint) (C) 肘關節 (elbow joint) (D) 寰軸關節 (atlantoaxial joint)。

6. 下列哪塊骨骼與第三掌骨形成第三掌腕關節 (carpometacarpal joint)？(A) 頭狀骨 (capitate) (B) 月狀骨 (lunate) (C) 大多角骨 (trapezium) (D) 舟狀骨 (scaphoid)。

7. 下列何者附著於肱骨的內上髁 (medial epicondyle)？(A) 旋後肌 (B) 旋前方肌 (C) 橈側腕屈肌 (D) 橈側腕長伸肌。

8. 下列何者與橈腕關節 (radiocarpal joint) 屬於同一類型的滑液關節 (synovial joint)？(A) 寰軸關節 (atlantoaxial joint) (B) 盂肱關節 (glenohumeral joint) (C) 指間關節 (interphalangeal joint) (D) 掌指關節 (metacarpophalangeal joint)。

9. 髁間隆起 (intercondylar eminence) 是位於下列哪一塊骨骼的近端？(A) 脛骨 (tibia) (B) 腓骨 (fibula) (C) 股骨 (femur) (D) 肱骨 (humerus)。

10. 下列何者是肱肌 (brachialis) 止端 (insertion) 的附著點？(A) 冠狀窩 (coronoid fossa) (B) 滑車切迹 (trochlear notch) (C) 橈骨粗隆 (radial tuberosity) 及橈骨頸 (radial neck) (D) 尺骨粗隆 (ulnar tuberosity) 及冠狀突 (coronoid process)。

11. 下列何者是尺骨的表面標記？(A) 鷹嘴 (olecranon) (B) 滑車 (trochlea) (C) 小頭 (capitulum) (D) 結節 (tubercle)。

12. 掌指關節 (metacarpophalangeal joint) 是屬於何種類型的可動關節 (diarthrosis)？(A) 屈戌關節 (hinge joint) (B) 鞍狀關節 (saddle joint) (C) 車軸關節 (pivot joint) (D) 髁狀關節 (condyloid joint)。

13. 臀肌粗隆 (gluteal tuberosity) 是位於下列哪一塊骨骼的骨面標記？(A) 股骨 (femur) (B) 髂骨 (ilium) (C) 坐骨 (ischium) (D) 恥骨 (pubis)。

14. 有關兩性骨盆的比較，下列何者男性大於女性？(A) 骨盆入口的寬度 (B) 恥骨弓的夾角 (C) 骨盆出口的寬度 (D) 真骨盆的深度。

15. 第一蹠骨 (first metatarsal bone) 與內側楔狀骨 (medial cuneiform bone) 間的關節，是屬於下列何種關節？(A) 屈戌關節 (hinge joint) (B) 滑動關節 (gliding joint) (C) 鞍狀關節 (saddle joint) (D) 髁狀關節 (condyloid joint)。

16. 下列何者參與形成踝關節？(A) 蹠骨 (B) 趾骨 (C) 距骨 (D) 跟骨。

17. 下列頭顱骨骼，何者負責與頸椎形成關節？(A) 枕骨 (B) 顳骨 (C) 蝶骨 (D) 篩骨。

18. 下列何者位於膝關節腔內？ (A) 脛側副韌帶 (tibial collateral ligament) (B) 半月板 (meniscus) (C) 十字韌帶 (cruciate ligament) (D) 髕韌帶 (patellar ligament)。

19. 小轉子 (lesser trochanter) 位於下列何處？ (A) 髂骨 (ilium) (B) 股骨 (femur) (C) 坐骨 (ischium) (D) 脛骨 (tibia)。

20. 下列何者屬於鞍狀關節 (saddle joint)？ (A) 指骨 (phalanx) 間的關節 (B) 寰椎 (atlas) 與軸椎 (axis) 間的關節 (C) 肩胛骨 (scapula) 與肱骨 (humerus) 間的關節 (D) 大多角骨 (trapezium) 與第一掌骨 (first metacarpal) 間的關節。

04

解 答

1.C	2.A	3.A	4.C	5.B	6.A	7.C	8.D	9.A	10.D
11.A	12.D	13.A	14.D	15.B	16.C	17.A	18.B	19.B	20.D

04

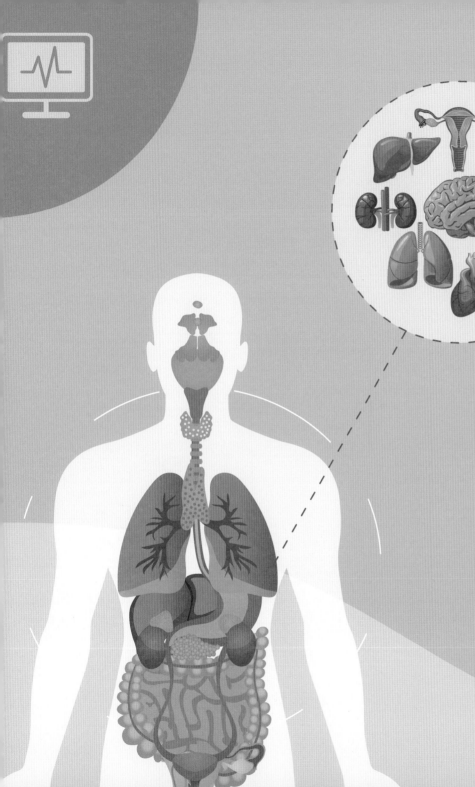

CHAPTER **05**

肌肉系統
Muscular System

MIND MAPS IN
ANATOMY & PHYSIOLOGY
- A SUMMATIVE REVIEW

05

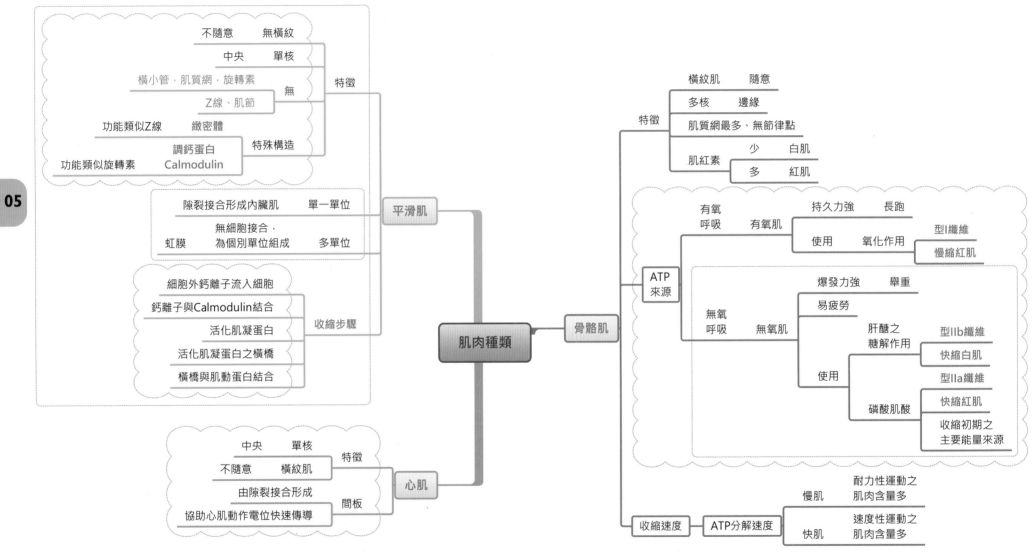

平滑肌

特徵
不隨意　無橫紋
中央　單核
橫小管，肌質網，旋轉素
Z線、肌節　　無
功能類似Z線　緻密體
特殊構造
調鈣蛋白 Calmodulin
功能類似旋轉素

隙裂接合形成內臟肌　單一單位
虹膜　無細胞接合，為個別單位組成　多單位

收縮步驟
細胞外鈣離子流入細胞
鈣離子與Calmodulin結合
活化肌凝蛋白
活化肌凝蛋白之橫橋
橫橋與肌動蛋白結合

心肌

特徵
中央　單核
不隨意　橫紋肌
間板
由隙裂接合形成
協助心肌動作電位快速傳導

肌肉種類

骨骼肌

特徵
橫紋肌　隨意
多核　邊緣
肌質網最多、無節律點
肌紅素　少　白肌　多　紅肌

ATP 來源

有氧呼吸　有氧肌　持久力強　長跑
使用　氧化作用
型I纖維　慢縮紅肌

無氧呼吸　無氧肌　爆發力強　舉重
易疲勞
肝醣之糖解作用
型IIb纖維　快縮白肌
使用
型IIa纖維　快縮紅肌
磷酸肌酸
收縮初期之主要能量來源

收縮速度　ATP分解速度
慢肌　耐力性運動之肌肉含量多
快肌　速度性運動之肌肉含量多

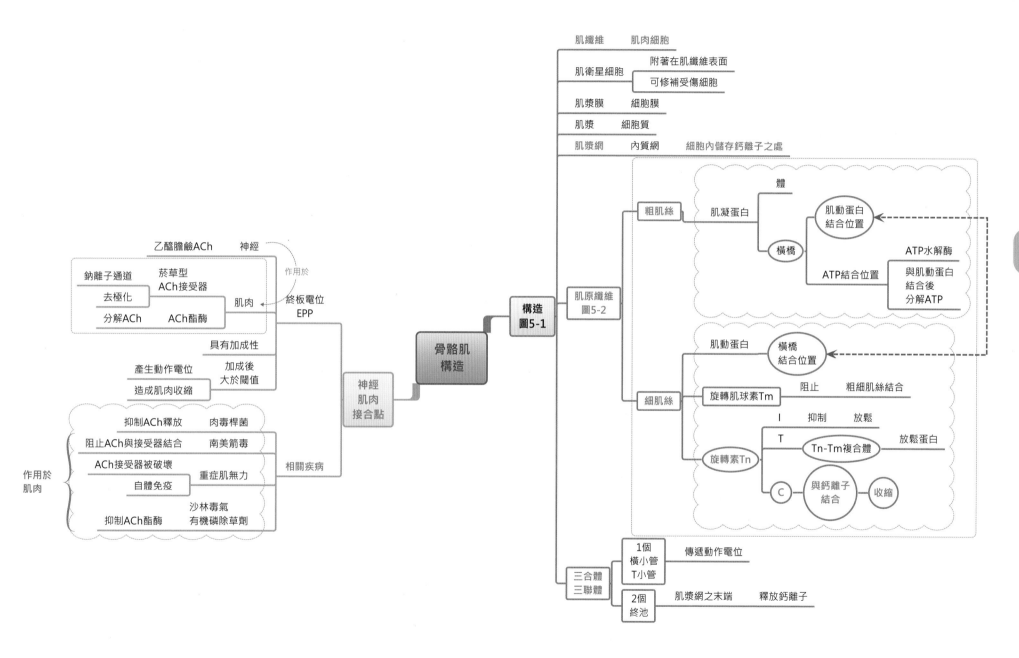

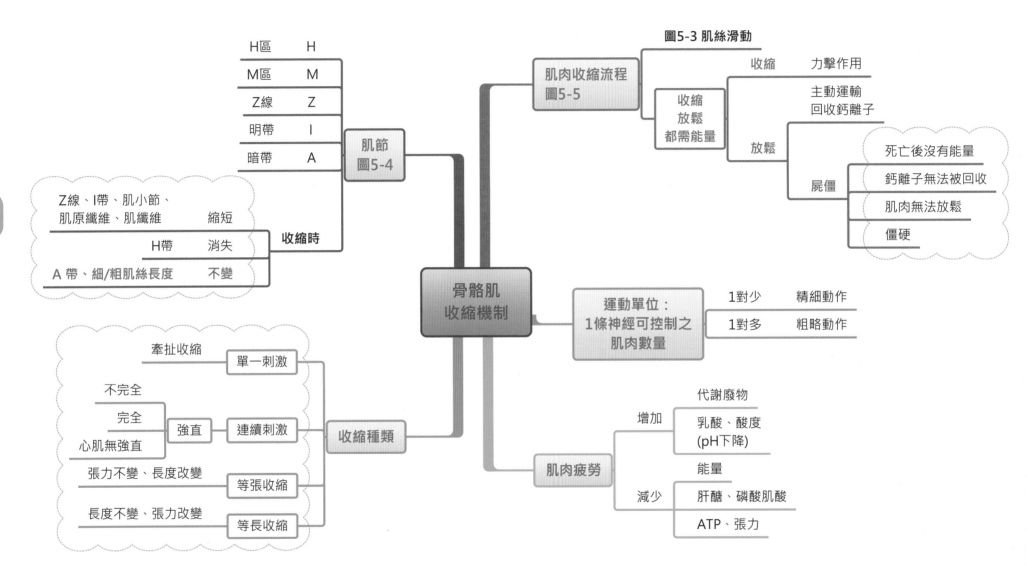

H區 H
M區 M
Z線 Z
明帶 I
暗帶 A

肌節
圖5-4

收縮時

Z線、I帶、肌小節、
肌原纖維、肌纖維　　縮短

H帶　　消失

A 帶、細/粗肌絲長度　　不變

圖5-3 肌絲滑動

肌肉收縮流程
圖5-5

收縮　　力擊作用

主動運輸
回收鈣離子

收縮
放鬆
都需能量

放鬆

屍僵

死亡後沒有能量

鈣離子無法被回收

肌肉無法放鬆

僵硬

骨骼肌
收縮機制

運動單位：
1條神經可控制之
肌肉數量

1對少　　精細動作
1對多　　粗略動作

牽扯收縮　　單一刺激

不完全
完全
心肌無強直　　強直　　連續刺激

張力不變、長度改變　　等張收縮

長度不變、張力改變　　等長收縮

收縮種類

肌肉疲勞

增加

代謝廢物

乳酸、酸度
(pH下降)

減少

能量

肝醣、磷酸肌酸

ATP、張力

05

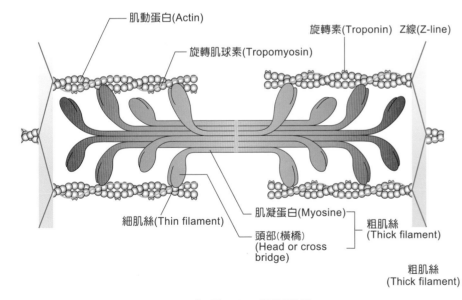

圖 5-1 肌纖維構造

肌原纖維(Myofibril)　肌漿膜(Sarcolemma)
粒線體(Mitochondrion)
橫小管(Transverse tubule)
終池(Terminal cisternae)
肌漿網(Sarcoplasmic reticulum)
Z線(Z line)
肌節(Sarcomere)
三聯體(Triad)

肌動蛋白(Actin)　旋轉素(Troponin)　Z線(Z-line)
旋轉肌球素(Tropomyosin)
細肌絲(Thin filament)
肌凝蛋白(Myosine)
頭部(橫橋)(Head or cross bridge)
粗肌絲(Thick filament)
粗肌絲(Thick filament)

圖 5-2 粗細肌絲

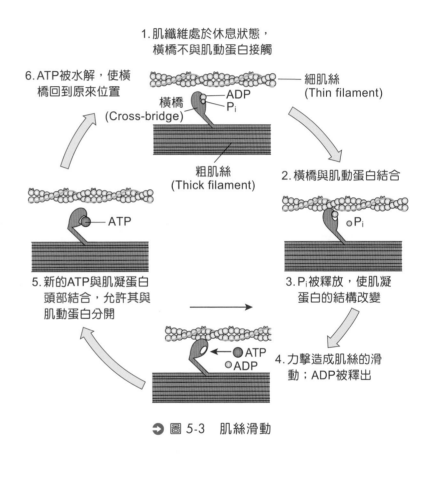

1.肌纖維處於休息狀態，橫橋不與肌動蛋白接觸
細肌絲(Thin filament)
橫橋(Cross-bridge)　ADP　Pi
粗肌絲(Thick filament)
6.ATP被水解，使橫橋回到原來位置
ATP
5.新的ATP與肌凝蛋白頭部結合，允許其與肌動蛋白分開
ATP　ADP
2.橫橋與肌動蛋白結合
Pi
3.Pi被釋放，使肌凝蛋白的結構改變
4.力擊造成肌絲的滑動；ADP被釋出

圖 5-3 肌絲滑動

05

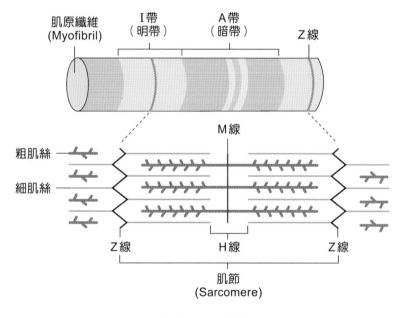

粗肌絲

細肌絲

肌原纖維
(Myofibril)

Ⅰ帶
（明帶）

A帶
（暗帶）

Z線

M線

Z線

H線

Z線

肌節
(Sarcomere)

➜ 圖 5-4　肌節

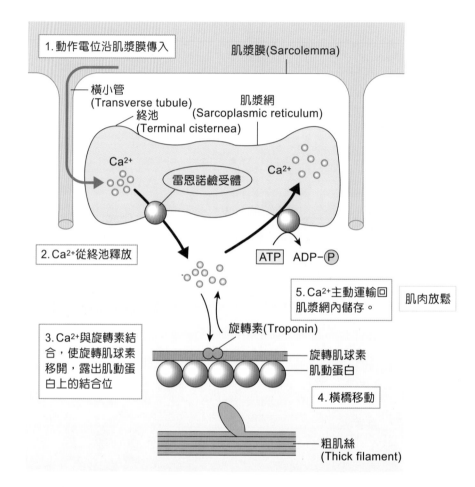

1.動作電位沿肌漿膜傳入

肌漿膜(Sarcolemma)

橫小管
(Transverse tubule)

肌漿網
(Sarcoplasmic reticulum)

終池
(Terminal cisternea)

Ca^{2+}

雷恩諾鹼受體

Ca^{2+}

2.Ca^{2+}從終池釋放

ATP　ADP-P

5.Ca^{2+}主動運輸回
肌漿網內儲存。

肌肉放鬆

3.Ca^{2+}與旋轉素結
合，使旋轉肌球素
移開，露出肌動蛋
白上的結合位

旋轉素(Troponin)

旋轉肌球素

肌動蛋白

4.橫橋移動

粗肌絲
(Thick filament)

➜ 圖 5-5　肌肉收縮流程

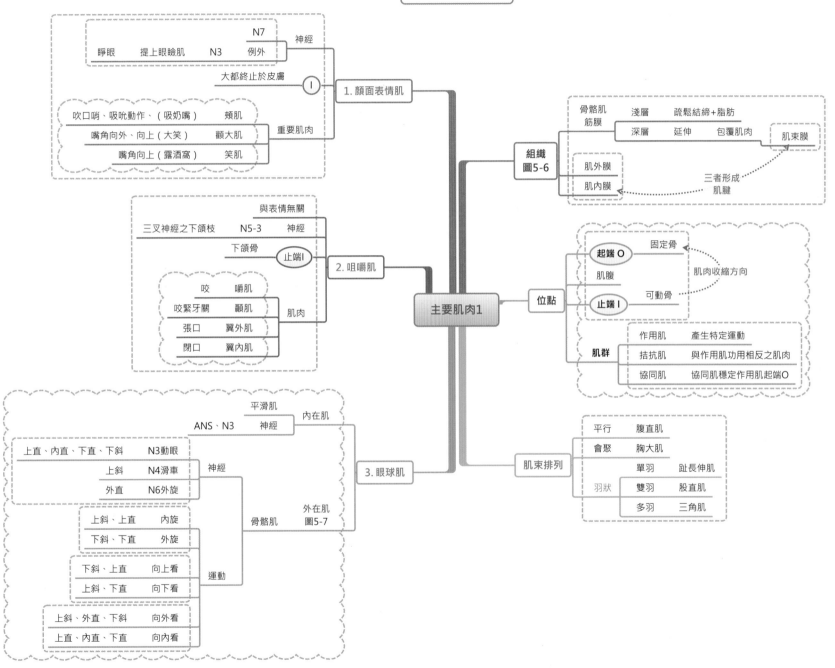

N 腦神經
例 N3：第三對腦神經

主要肌肉1

1.顏面表情肌

神經　睜眼　提上眼瞼肌　N3　例外　N7

大都終止於皮膚　I

重要肌肉
- 吹口哨、吸吮動作、（吸奶嘴）　頰肌
- 嘴角向外、向上（大笑）　顴大肌
- 嘴角向上（露酒窩）　笑肌

2.咀嚼肌

與表情無關

神經　三叉神經之下頜枝　N5-3

止端I　下頜骨

肌肉
- 咬　嚼肌
- 咬緊牙關　顳肌
- 張口　翼外肌
- 閉口　翼內肌

3.眼球肌

內在肌　神經　平滑肌　ANS、N3

外在肌
圖5-7

神經
- 上直、內直、下直、下斜　N3動眼
- 上斜　N4滑車
- 外直　N6外旋

骨骼肌

運動
- 上斜、上直　內旋
- 下斜、下直　外旋
- 下斜、上直　向上看
- 上斜、下直　向下看
- 上斜、外直、下斜　向外看
- 上直、內直、下直　向內看

組織
圖5-6

骨骼肌
筋膜
- 淺層　疏鬆結締+脂肪
- 深層　延伸　包覆肌肉　肌束膜

肌外膜
肌內膜

三者形成
肌腱

位點

起端 O　固定骨

肌腹

止端 I　可動骨

肌肉收縮方向

肌群
- 作用肌　產生特定運動
- 拮抗肌　與作用肌功用相反之肌肉
- 協同肌　協同肌穩定作用肌起端O

肌束排列
- 平行　腹直肌
- 會聚　胸大肌
- 羽狀
  - 單羽　趾長伸肌
  - 雙羽　股直肌
  - 多羽　三角肌

05

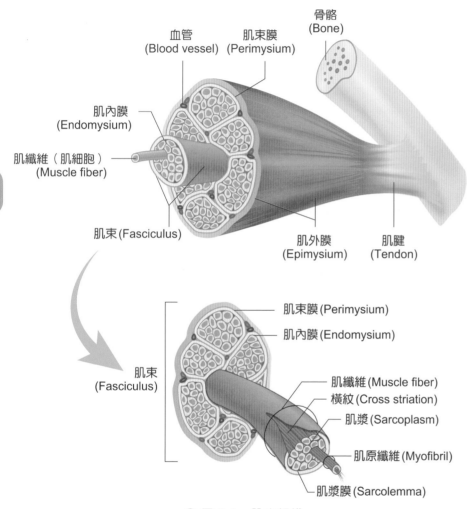

➔ 圖 5-6　肌肉組織

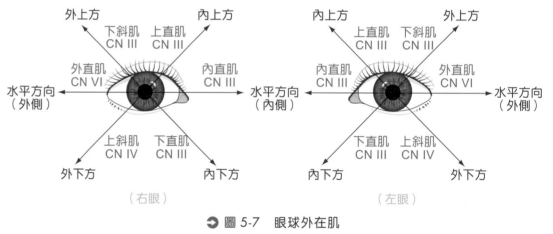

➔ 圖 5-7　眼球外在肌

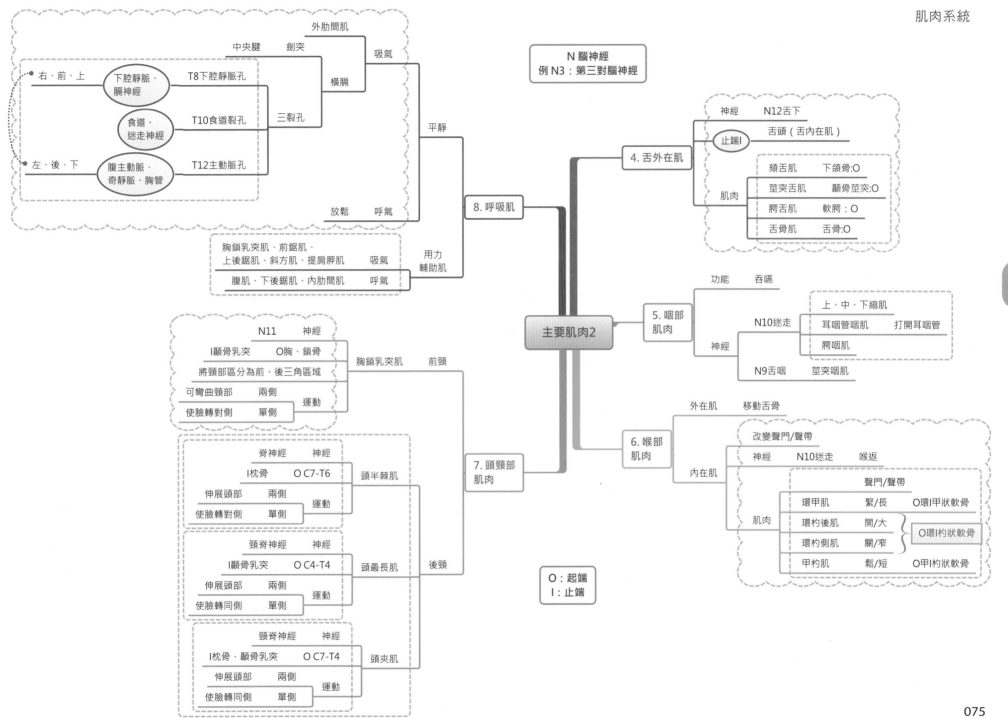

右、前、上

下腔靜脈、膈神經 ── T8下腔靜脈孔 ── 中央腱 ── 剣突 ── 外肋間肌

食道、迷走神經 ── T10食道裂孔 ── 三裂孔 ── 横膈 ── 吸氣

左、後、下

腹主動脈、奇靜脈、胸管 ── T12主動脈孔

平靜

放鬆 ── 呼氣

N 腦神經
例 N3：第三對腦神經

胸鎖乳突肌、前鋸肌、上後鋸肌、斜方肌、提肩胛肌 ── 吸氣
腹肌、下後鋸肌、內肋間肌 ── 呼氣

用力輔助肌

8. 呼吸肌

主要肌肉2

4. 舌外在肌

神經 ── N12舌下
止端I ── 舌頭（舌內在肌）

肌肉
頦舌肌 ── 下頜骨:O
莖突舌肌 ── 顳骨莖突:O
腭舌肌 ── 軟腭：O
舌骨肌 ── 舌骨:O

5. 咽部肌肉

功能 ── 吞嚥

神經
N10迷走
上、中、下縮肌
耳咽管咽肌 ── 打開耳咽管
腭咽肌
N9舌咽 ── 莖突咽肌

6. 喉部肌肉

外在肌 ── 移動舌骨

內在肌
改變聲門/聲帶
神經 ── N10迷走 ── 喉返

肌肉
聲門/聲帶
環甲肌 ── 緊/長 ── O環I甲狀軟骨
環杓後肌 ── 開/大
環杓側肌 ── 關/窄 ── O環I杓狀軟骨
甲杓肌 ── 鬆/短 ── O甲I杓狀軟骨

N11 ── 神經
I顳骨乳突 ── O胸、鎖骨
將頸部區分為前、後三角區域
可彎曲頸部 ── 兩側
使臉轉對側 ── 單側 ── 運動

胸鎖乳突肌 ── 前頸

脊神經 ── 神經
I枕骨 ── O C7-T6
伸展頭部 ── 兩側
使臉轉對側 ── 單側 ── 運動
頭半棘肌

頸脊神經 ── 神經
I顳骨乳突 ── O C4-T4
伸展頭部 ── 兩側
使臉轉同側 ── 單側 ── 運動
頭最長肌 ── 後頸

7. 頭頸部肌肉

頸脊神經 ── 神經
I枕骨、顳骨乳突 ── O C7-T4
伸展頭部 ── 兩側
使臉轉同側 ── 單側 ── 運動
頭夾肌

O：起端
I：止端

05

05

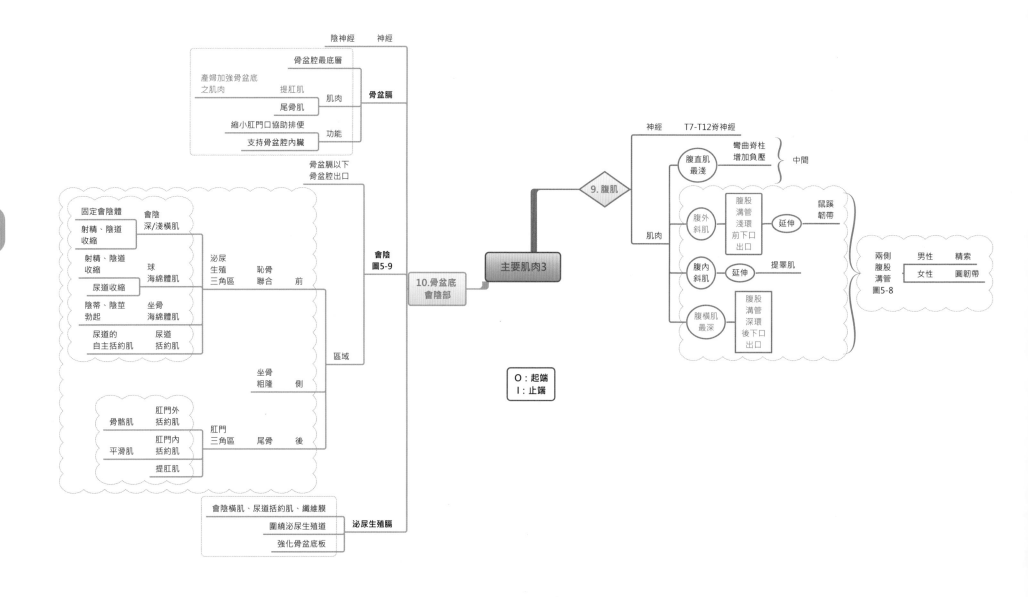

陰神經　神經

骨盆腔最底層

產婦加強骨盆底
之肌肉　提肛肌　肌肉　**骨盆膈**

尾骨肌

縮小肛門口協助排便　功能

支持骨盆腔內臟

骨盆膈以下
骨盆腔出口

固定會陰體　會陰

射精、陰道　深/淺橫肌
收縮

射精、陰道　球　泌尿　恥骨　前
收縮　海綿體肌　生殖　聯合
三角區

尿道收縮

陰蒂、陰莖　坐骨
勃起　海綿體肌

尿道的　尿道　區域
自主括約肌　括約肌

坐骨　側
粗隆

肛門外
括約肌

骨骼肌

肛門內　肛門
平滑肌　括約肌　三角區　尾骨　後

提肛肌

會陰
圖5-9

會陰橫肌、尿道括約肌、纖維膜

圍繞泌尿生殖道　**泌尿生殖膈**

強化骨盆底板

**10.骨盆底
會陰部**

主要肌肉3

9.腹肌

神經　T7-T12脊神經

彎曲脊柱
腹直肌　增加負壓　中間
最淺

腹股
溝管
肌肉　腹外　淺環　延伸　鼠蹊
斜肌　前下口　韌帶
出口

腹內　延伸　提睪肌
斜肌

腹股
溝管
腹橫肌　深環
最深　後下口
出口

兩側　男性　精索
腹股
溝管　女性　圓韌帶
圖5-8

O：起端
I：止端

05

睪丸動脈(Testicular artery) — 陰莖(Penis)

睪丸靜脈(Testicular vein) — 腹股溝韌帶(Inguinal ligament)

輸精管(Ductus deferens) — 淺腹股溝環
(Superficial inguinal ring)

蔓狀靜脈叢
(Pampiniform plexus) — 精索(Spermatic cord)

睪丸動脈(Testicular artery) — 外精索筋膜
(External spermatic fascia)

副睪(Epididymis) — 提睪肌 (cremaster muscle)

睪丸(Testis) — 內精索筋膜
(Internal spermatic fascia)

縫(Raphe) —

陰囊(Scrotum) — 肉膜肌 (Dartos muscle)

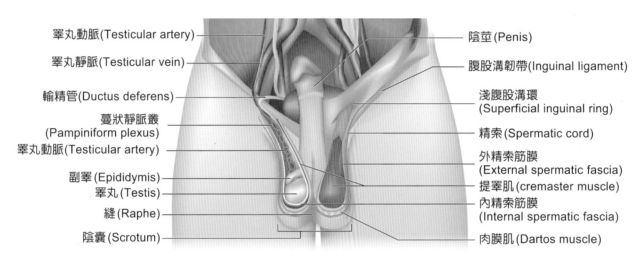

➔ 圖 5-8　腹股溝管

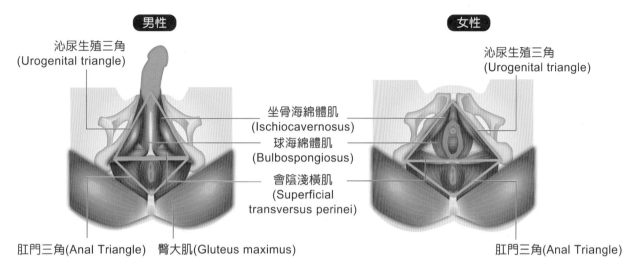

男性

沁尿生殖三角
(Urogenital triangle)

女性

沁尿生殖三角
(Urogenital triangle)

坐骨海綿體肌
(Ischiocavernosus)

球海綿體肌
(Bulbospongiosus)

會陰淺橫肌
(Superficial
transversus perinei)

肛門三角(Anal Triangle)　臀大肌(Gluteus maximus)

肛門三角(Anal Triangle)

(a) 淺層

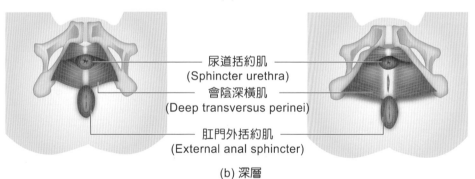

尿道括約肌
(Sphincter urethra)

會陰深橫肌
(Deep transversus perinei)

肛門外括約肌
(External anal sphincter)

(b) 深層

➲ 圖 5-9　會陰

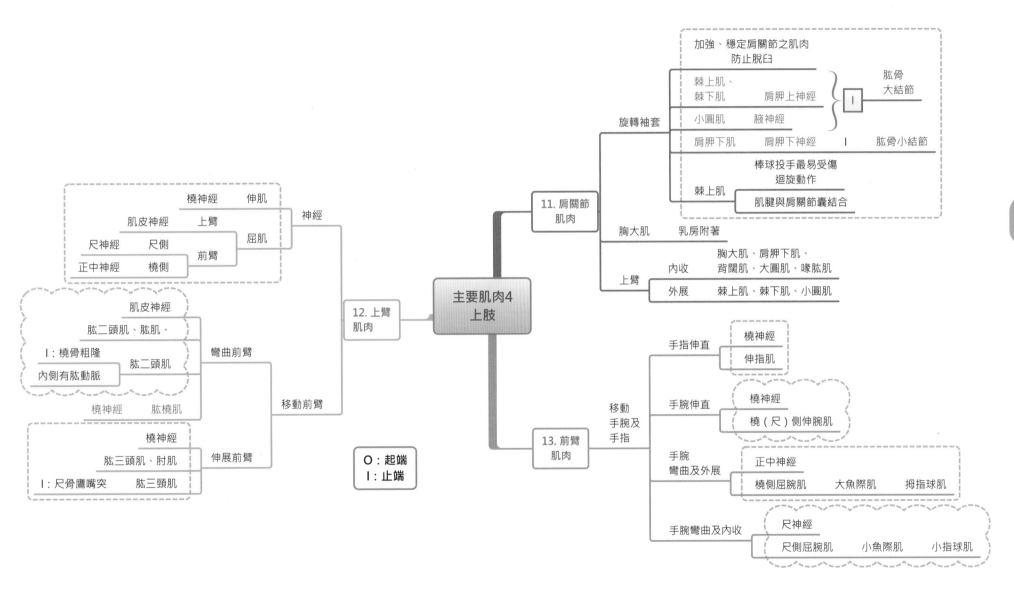

加強、穩定肩關節之肌肉
防止脫臼

棘上肌、
棘下肌　　肩胛上神經
小圓肌　　腋神經
} I — 肱骨大結節

肩胛下肌　　肩胛下神經　　I 肱骨小結節

旋轉袖套

棒球投手最易受傷
迴旋動作

棘上肌
肌腱與肩關節囊結合

11. 肩關節肌肉

胸大肌　　乳房附著

上臂
內收　　胸大肌、肩胛下肌、背闊肌、大圓肌、喙肱肌
外展　　棘上肌、棘下肌、小圓肌

主要肌肉4 上肢

12. 上臂肌肉

神經
橈神經　　伸肌
肌皮神經　　上臂　　屈肌
尺神經　　尺側
正中神經　　橈側
前臂

彎曲前臂
肌皮神經
肱二頭肌、肱肌、
I：橈骨粗隆
內側有肱動脈
肱二頭肌
橈神經　　肱橈肌

移動前臂

伸展前臂
橈神經
肱三頭肌、肘肌
I：尺骨鷹嘴突　　肱三頭肌

O：起端
I：止端

13. 前臂肌肉

移動手腕及手指

手指伸直
橈神經
伸指肌

手腕伸直
橈神經
橈（尺）側伸腕肌

手腕彎曲及外展
正中神經
橈側屈腕肌　　大魚際肌　　拇指球肌

手腕彎曲及內收
尺神經
尺側屈腕肌　　小魚際肌　　小指球肌

05

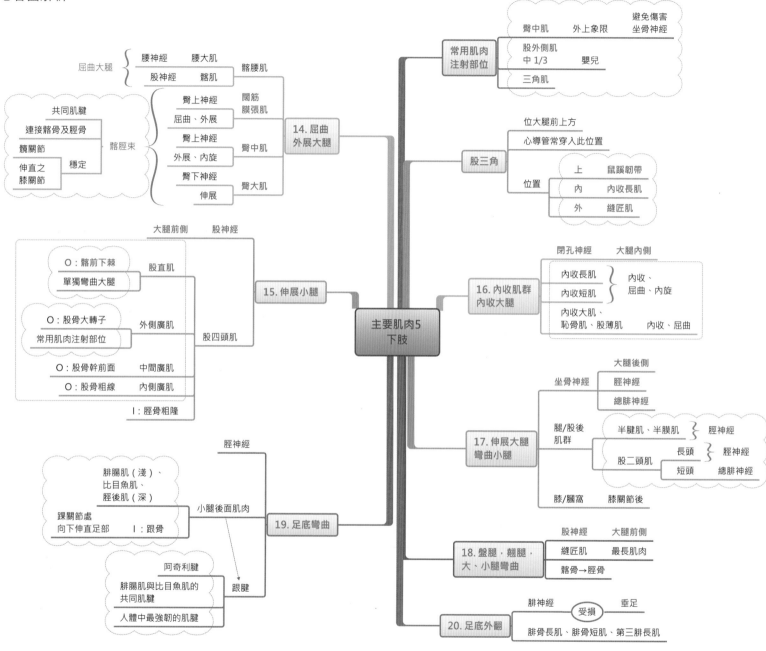

常用肌肉注射部位
- 臀中肌　外上象限　避免傷害坐骨神經
- 股外側肌 中 1/3　嬰兒
- 三角肌

股三角
- 位大腿前上方
- 心導管常穿入此位置
- 位置
  - 上　鼠蹊韌帶
  - 內　內收長肌
  - 外　縫匠肌

屈曲大腿
- 腰神經　腰大肌
- 股神經　髂肌　髂腰肌

共同肌腱
連接髂骨及脛骨
髖關節
伸直之膝關節　穩定　髂脛束

14. 屈曲外展大腿
- 臀上神經　闊筋膜張肌　屈曲、外展
- 臀上神經　臀中肌　外展、內旋
- 臀下神經　臀大肌　伸展

16. 內收肌群內收大腿
- 閉孔神經　大腿內側
  - 內收長肌
  - 內收短肌　內收、屈曲、內旋
  - 內收大肌、恥骨肌、股薄肌　內收、屈曲

大腿前側　股神經
- O：髂前下棘　股直肌　單獨彎曲大腿
- O：股骨大轉子　外側廣肌　常用肌肉注射部位
- O：股骨幹前面　中間廣肌
- O：股骨粗線　內側廣肌
- I：脛骨粗隆
股四頭肌

15. 伸展小腿

主要肌肉5 下肢

17. 伸展大腿彎曲小腿
- 坐骨神經
  - 脛神經
  - 總腓神經
- 腿/股後肌群
  - 大腿後側
  - 半腱肌、半膜肌 } 脛神經
  - 股二頭肌
    - 長頭 } 脛神經
    - 短頭　總腓神經
- 膝/膕窩　膝關節後

19. 足底彎曲
脛神經
- 腓腸肌（淺）、比目魚肌、脛後肌（深）
- 踝關節處向下伸直足部　I：跟骨
- 小腿後面肌肉

18. 盤腿，翹腿，大、小腿彎曲
- 股神經　大腿前側
- 縫匠肌　最長肌肉
- 髂骨→脛骨

阿奇利腱
- 腓腸肌與比目魚肌的共同肌腱
- 人體中最強韌的肌腱
跟腱

20. 足底外翻
- 腓神經　受損　垂足
- 腓骨長肌、腓骨短肌、第三腓長肌

O：起端
I：止端

05

課後複習

1. 與快肌纖維相較，下列有關慢肌纖維的敘述，何者正確？(A) 直徑較大　(B) 對疲勞的耐力較高　(C) 糖解能力較高　(D) 肌凝蛋白 ATP 水解酶活性較高。

2. 心肌細胞興奮時會增加細胞質中鈣離子的濃度，下列敘述何者正確？(A) 從細胞外流入的鈣離子量等於從肌漿網釋放的量　(B) 從細胞外流入的鈣離子量大於從肌漿網釋放的量　(C) 從細胞外流入的鈣離子量小於從肌漿網釋放的量　(D) 從細胞外流入的鈣離子量等於從粒線體釋放的量。

3. 間盤 (intercalated disc) 為下列何者之特殊結構？(A) 骨骼肌　(B) 心肌　(C) 平滑肌　(D) 橫紋肌。

4. 以間隙接合 (gap junction) 形成的電性突觸 (electrical synapse) 並不存在於：(A) 心肌細胞　(B) 平滑肌細胞　(C) 骨骼肌細胞　(D) 神經細胞。

5. 死亡後開始出現肌肉僵硬的現象，主要是由下列哪一個原因造成？(A) 乳酸的堆積　(B) 缺少鈣離子　(C) 肝醣耗盡　(D) 缺乏 ATP。

6. 有關骨骼肌與心肌收縮的比較，下列敘述何者正確？(A) 兩者都是透過橫小管來傳導動作電位　(B) 兩者的收縮速度都很慢　(C) 骨骼肌與心肌一樣，肌纖維長度越長，收縮時產生的張力就越大　(D) 單一骨骼肌纖維與心肌纖維一樣，都是刺激頻率越高，產生的張力就越大。

7. 以人體解剖學姿勢 (anatomical position)，下列哪一條肌肉位於手掌的最淺最外側？(A) 屈拇指短肌 (flexor pollicis brevis)　(B) 外展小指肌 (abductor digiti minimi)　(C) 屈小指短肌 (flexor digiti minimi brevis)　(D) 外展拇指短肌 (abductor pollicis brevis)。

8. 下列哪一條眼球外在肌 (extrinsic eye muscles) 收縮可使我們往外上方看？(A) 上直肌 (superior rectus)　(B) 外直肌 (lateral rectus)　(C) 上斜肌 (superior oblique)　(D) 下斜肌 (inferior oblique)。

9. 下列哪一條肌肉收縮可使足底外翻及微屈？(A) 腓長肌 (peroneus longus)　(B) 脛前肌 (tibialis anterior)　(C) 脛後肌 (tibialis posterior)　(D) 趾長屈肌 (flexor digitorum longus)。

10. 下列何者參與圍成股三角 (femoral triangle)？(A) 股內側肌 (vastus medialis)　(B) 股外側肌 (vastus lateralis)　(C) 縫匠肌 (sartorius)　(D) 恥骨肌 (pectineus)。

11. 下列何者藉由跟腱 (Achilles tendon) 附著於跟骨？(A) 脛前肌　(B) 脛後肌　(C) 腓長肌　(D) 腓腸肌。

12. 奧運一百公尺短跑選手小腿的腓腸肌中，何種肌肉纖維的比例明顯較一般人低？(A) 白肌纖維　(B) 第 I 型肌纖維　(C) 第 IIa 型肌纖維　(D) 第 IIb 型肌纖維。

13. 下列有關多單位平滑肌 (multiunit smooth muscle) 特性的敘述，何者正確？(A) 接受許多自主神經分支支配　(B) 以胃腸及子宮平滑肌為代表　(C) 細胞之間具有許多間隙連接 (gap junction)　(D) 通常可自發性產生動作電位 (action potential)。

14. 下列何者為心臟收縮最主要的能量來源？(A) 葡萄糖　(B) 蛋白質　(C) 脂肪酸　(D) 核酸。

15. 出生後，骨骼肌 (skeletal muscle) 受損傷或死亡，下列哪一種細胞可進行修補？(A) 肌母細胞 (myoblast)　(B) 纖維芽母細胞 (fibroblast)　(C) 衛星細胞 (satellite cell)　(D) 賽氏細胞 (Sertoli cell)。

16. 下列關於牽張反射 (stretch reflex) 之敘述，何者正確？(A) 負責調節此反射的中間神經元位於腦幹　(B) 肌梭至脊髓之傳入神經為 Ib 纖維　(C) 此反射由中樞傳至肌肉的神經為 α 運動神經元　(D) 此反射之動器 (effector) 位於肌肉中的肌梭 (muscle spindle)。

17. 下列哪一條肌肉是由外旋神經 (abducens nerve) 所支配？(A) 外直肌 (lateral rectus)　(B) 內直肌 (medial rectus)　(C) 上斜肌 (superior oblique)　(D) 下斜肌 (inferior oblique)。

18. 下列何者不是由閉孔神經 (obturator nerve) 支配的肌肉？(A) 股薄肌 (gracilis)　(B) 內收長肌 (adductor longus)　(C) 閉孔外肌 (obturator externus)　(D) 閉孔內肌 (obturator internus)。

19. 下列哪一條肌肉的止端 (insertion) 位於肱骨的大結節 (greater tubercle)？(A) 小圓肌 (teres minor)　(B) 大圓肌 (teres major)　(C) 背闊肌 (latissimus dorsi)　(D) 肩胛下肌 (subscapularis)。

20. 下列何者參與形成骨盆膈 (pelvic diaphragm)，是支撐子宮的重要肌肉？(A) 球海綿體肌 (bulbospongiosus)　(B) 會陰深橫肌 (deep transverse perineal muscle)　(C) 恥骨肌 (pectineus)　(D) 提肛肌 (levator ani)。

21. 下列何者參與形成肩部的旋轉肌袖口 (rotator cuff)？(A) 棘下肌 (infraspinatus)　(B) 三角肌 (deltoid)　(C) 大圓肌 (teres major)　(D) 喙肱肌 (coracobrachialis)。

22. 運動終板 (motor end plate) 上乙醯膽鹼受器 (acetylcholine receptor) 調控下列何種離子通道？(A) 鈣離子　(B) 鉀離子　(C) 鈉離子　(D) 氯離子。

23. 下列何者不是骨骼肌的構造？(A) 肌節 (sarcomere)　(B) 緻密體 (dense body)　(C) 旋轉素 (troponin)　(D) 旋轉肌球素 (tropomyosin)。

24. 下列有關肌原纖維 (myofibril) 的敘述，何者正確？(A) 由單一骨骼肌細胞 (skeletal muscle cell) 組成　(B) 圓柱形的肌原纖維由肌絲 (muscle fiber) 組成　(C) 為肌肉組織中儲存鈣離子的膜狀結構　(D) 直接連接肌肉細胞和肌腱 (tendon)。

25. 下列何者是肌細胞在初期收縮時的主要能量來源？(A) 葡萄糖　(B) 胺基酸　(C) 磷酸肌酸　(D) 脂肪酸。

26. 下列哪一個蛋白質不參與骨骼肌 (skeletal muscle) 的收縮？(A) 肌凝蛋白 (myosin)　(B) 旋轉素 (troponin)　(C) 旋轉肌凝素 (tropomyosin)　(D) 攜鈣素 (calmodulin)。

27. 重症肌無力 (Myasthenia gravis) 肇因於何種神經傳導物質的受器受損，導致神經訊號無法傳遞至肌肉？(A) 腎上腺素 (epinephrine)　(B) 乙醯膽鹼 (acetylcholine)　(C) 血清素 (serotonin)　(D) 麩胺酸 (glutamate)。

28. 下列哪條眼外肌 (extrinsic muscles of the eye) 是由滑車神經 (trochlear nerve) 所支配？(A) 內直肌 (medial rectus)　(B) 外直肌 (lateral rectus)　(C) 上斜肌 (superior oblique)　(D) 下斜肌 (inferior oblique)。

29. 肩旋轉肌群 (rotator cuff muscles) 中的哪條肌肉是受腋神經 (axillary nerve) 所支配？(A) 小圓肌 (teres minor)　(B) 棘上肌 (supraspinatus)　(C) 棘下肌 (infraspinatus)　(D) 肩胛下肌 (subscapularis)。

30. 下列哪條肌肉的止端 (insertion) 不是位於下頜骨 (mandible)？(A) 嚼肌 (masseter)　(B) 闊頸肌 (platysma)　(C) 顳肌 (temporalis)　(D) 降下唇肌 (depressor labii inferioris)。

31. 下列何者是嬰兒肌肉注射最理想的部位？(A) 臀大肌 (gluteus maximus)　(B) 三角肌 (deltoid)　(C) 股外側肌 (vastus lateralis)　(D) 腓腸肌 (gastrocnemius)。

32. 上臂觸摸肱動脈脈搏的位置為下列何處？(A) 肱二頭肌的外側　(B) 肱二頭肌的內側　(C) 肱三頭肌的外側　(D) 肱三頭肌的內側。

33. 心肌收縮進行時，主要的鈣離子來源為下列何者？(A) 粗內質網 (rough endoplasmic reticulum)　(B) 肌漿網 (sarcoplasmic reticulum)　(C) 高爾基氏體 (Golgi apparatus)　(D) 粒線體 (mitochondrion)。

34. 在骨骼肌的興奮 - 收縮聯結 (excitation-contraction coupling) 機轉當中，可引發橫小管（T 小管）去極化的步驟為何？ (A) 肌動蛋白 (actin) 與肌凝蛋白 (myosin) 接合　(B) 鈣離子與旋轉素 C (troponinC) 結合　(C) 肌漿網鈣離子通道打開　(D) 細胞膜產生動作電位。

35. 有關乙醯膽鹼 (acetylcholine) 的敘述，下列何者正確？ (A) 由膽鹼乙醯轉移酶 (choline acetyltransferase) 進行分解　(B) 由乙醯膽鹼酯酶 (acetylcholine sterase) 催化合成　(C) 可由交感與副交感神經的節前神經元分泌　(D) 對骨骼肌、心肌與平滑肌具有興奮作用。

36. 骨骼肌收縮時的鈣離子是從哪種鈣通道釋放出來？ (A) 肌醇三磷酸受體 (IP$_3$ receptor)　(B) 雷恩諾鹼受體 (Ryanodine receptor)　(C) 乙醯膽鹼受體 (ACh receptor)　(D) 磷酸脂肌醇二磷酸受體 (PIP$_2$ receptor)。

37. 終板電位 (end-plate potential) 屬於下列何種電位？ (A) 興奮性突觸後電位　(B) 抑制性突觸後電位　(C) 動作電位　(D) 接受器電位。

38. 肉毒桿菌毒素造成肌肉麻痺的原因為何？ (A) 關閉肌肉細胞膜上鉀離子通道，造成鈣離子通道開啟　(B) 促進神經突觸末端乙醯膽鹼 (acetylcholine) 釋放　(C) 破壞 SNARE 蛋白複合體，阻斷神經突觸末端乙醯膽鹼釋放　(D) 阻斷神經細胞膜上鈣離子通道開啟，抑制乙醯膽鹼釋放。

39. 下列何者是由橈神經 (radialnerve) 支配手肘的屈肌 (flexor)？ (A) 肘肌 (anconeus)　(B) 肱橈肌 (brachioradialis)　(C) 肱二頭肌 (bicepsbrachii)　(D) 肱三頭肌 (tricepsbrachii)。

40. 下列哪一條肌肉的止端位於肱骨的小結節 (lessertubercle)？ (A) 小圓肌 (teresminor)　(B) 棘上肌 (supraspinatus)　(C) 棘下肌 (infraspinatus)　(D) 肩胛下肌 (subscapularis)。

解 答

1.B	2.C	3.B	4.C	5.D	6.A	7.D	8.D	9.A	10.C
11.D	12.B	13.A	14.C	15.C	16.C	17.A	18.D	19.A	20.D
21.A	22.C	23.B	24.B	25.C	26.D	27.B	28.C	29.A	30.D
31.C	32.B	33.B	34.D	35.C	36.B	37.A	38.C	39.B	40.D

05

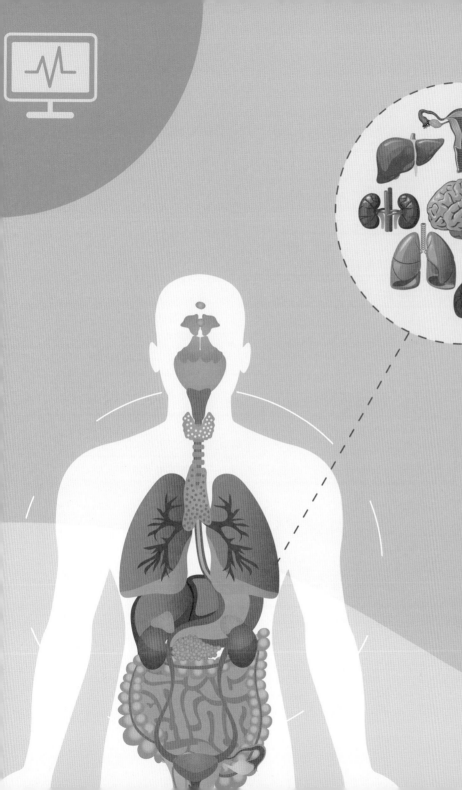

神經組織與
中樞神經系統

Nervous Tissue and
Central Nervous System

MIND MAPS IN
ANATOMY & PHYSIOLOGY
- A SUMMATIVE REVIEW

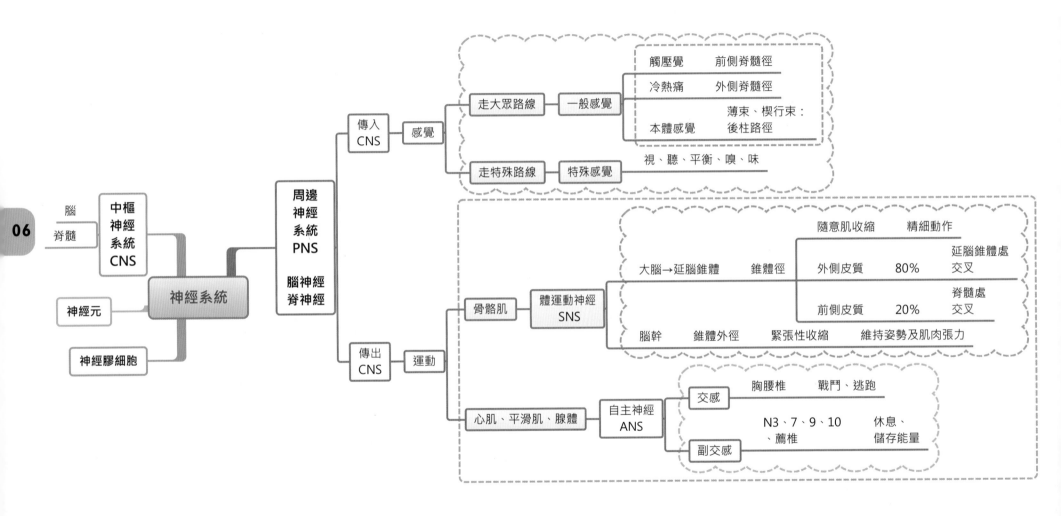

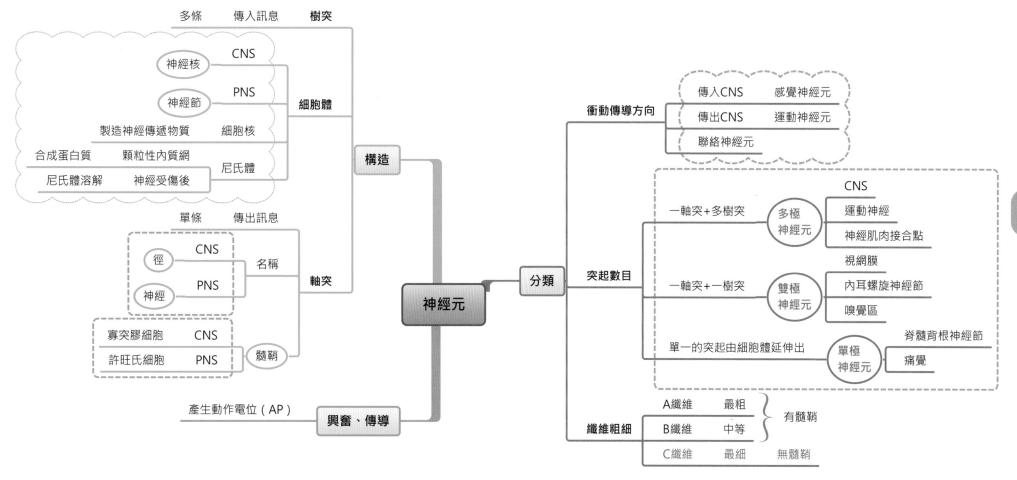

樹突　多條　傳入訊息

神經核　CNS
神經節　PNS
細胞體

製造神經傳遞物質　細胞核
合成蛋白質　顆粒性內質網
尼氏體溶解　神經受傷後
尼氏體

構造

軸突　單條　傳出訊息

徑　CNS
神經　PNS
名稱

寡突膠細胞　CNS
許旺氏細胞　PNS
髓鞘

神經元

分類

衝動傳導方向
傳入CNS　感覺神經元
傳出CNS　運動神經元
聯絡神經元

突起數目

一軸突＋多樹突　多極神經元
CNS
運動神經
神經肌肉接合點

一軸突＋一樹突　雙極神經元
視網膜
內耳螺旋神經節
嗅覺區

單一的突起由細胞體延伸出　單極神經元
脊髓背根神經節
痛覺

纖維粗細
A纖維　最粗
B纖維　中等
有髓鞘
C纖維　最細　無髓鞘

興奮、傳導　產生動作電位（AP）

06

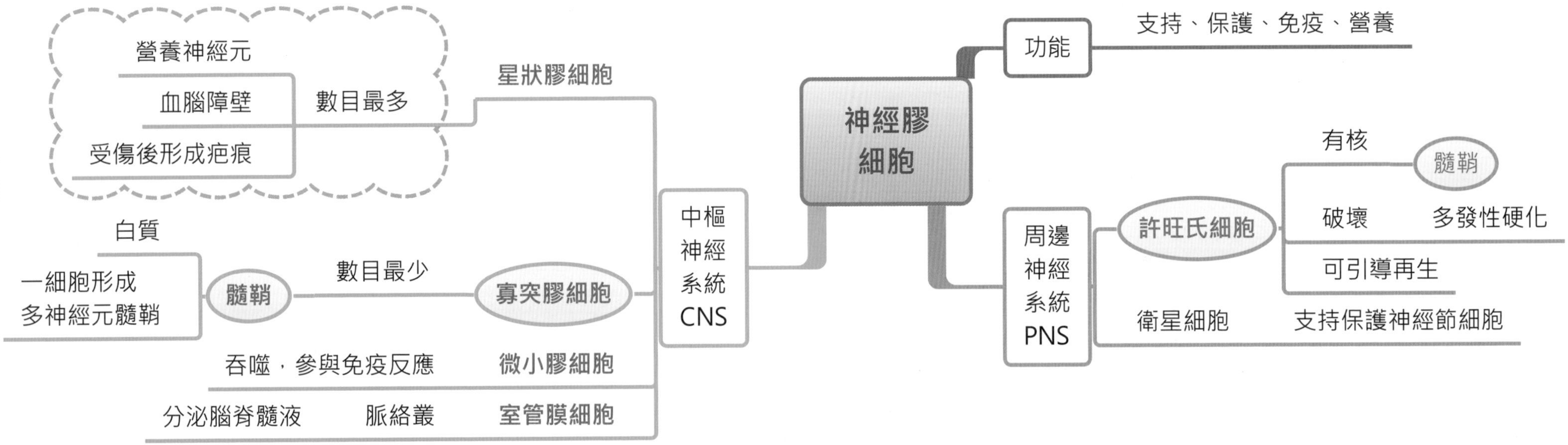

06

神經膠細胞

功能 —— 支持、保護、免疫、營養

中樞神經系統 CNS

星狀膠細胞 — 數目最多
- 營養神經元
- 血腦障壁
- 受傷後形成疤痕

寡突膠細胞 — 數目最少 — 髓鞘
- 白質
- 一細胞形成多神經元髓鞘

微小膠細胞 — 吞噬，參與免疫反應

室管膜細胞 — 脈絡叢 — 分泌腦脊髓液

周邊神經系統 PNS

許旺氏細胞
- 有核 — 髓鞘
- 破壞 — 多發性硬化
- 可引導再生

衛星細胞 — 支持保護神經節細胞

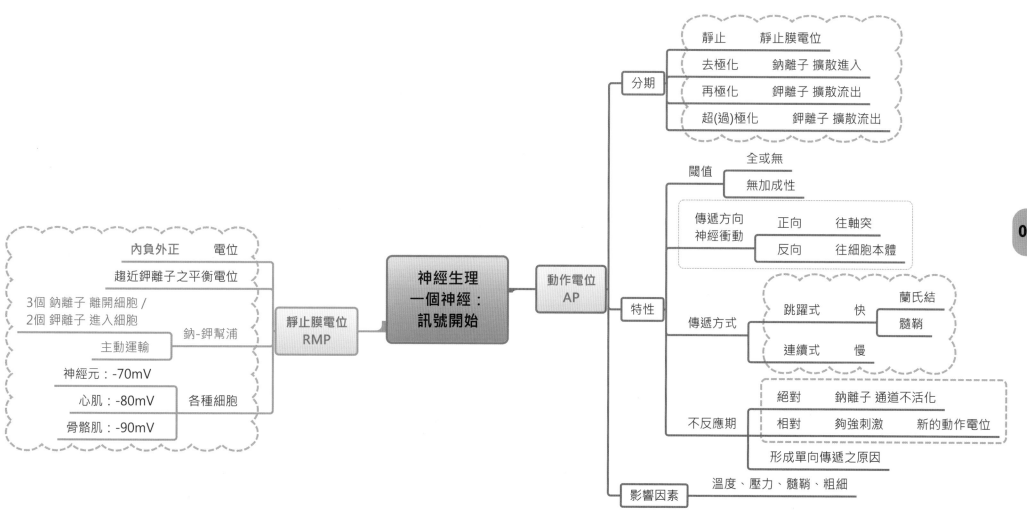

06

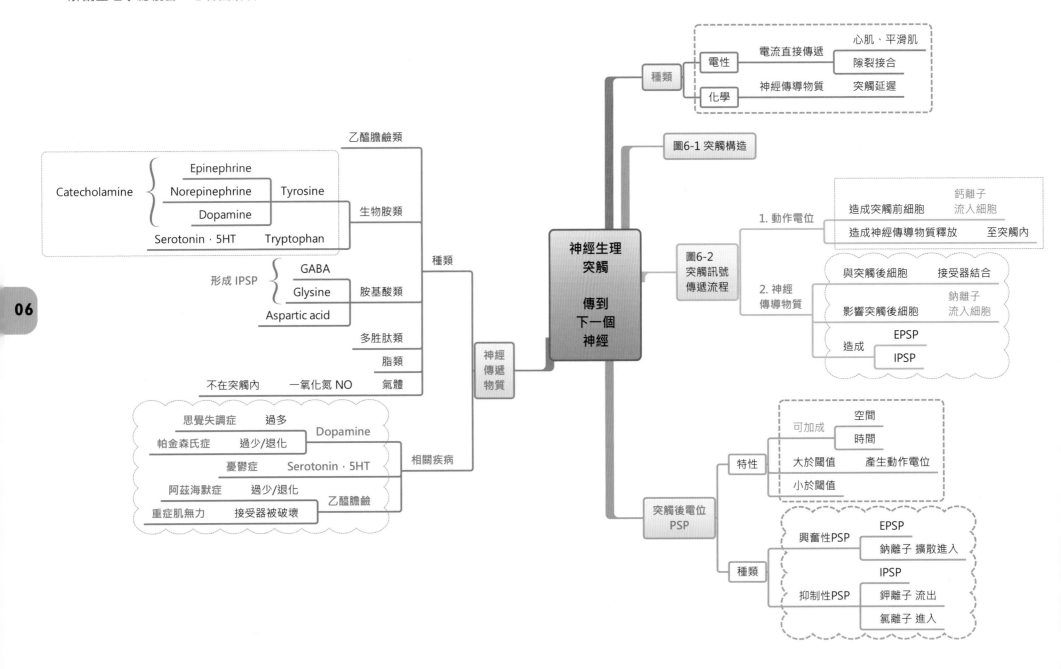

種類
電性 ─ 電流直接傳遞 ─ 心肌、平滑肌 / 隙裂接合
化學 ─ 神經傳導物質 ─ 突觸延遲

圖6-1 突觸構造

Catecholamine
Epinephrine
Norepinephrine ─ Tyrosine
Dopamine
Serotonin · 5HT ─ Tryptophan

乙醯膽鹼類
生物胺類

形成 IPSP
GABA
Glycine ─ 胺基酸類
Aspartic acid

多胜肽類
脂類
不在突觸內 ─ 一氧化氮 NO ─ 氣體

種類

神經傳遞物質

神經生理
突觸

傳到
下一個
神經

圖6-2
突觸訊號
傳遞流程

1. 動作電位
造成突觸前細胞 ─ 鈣離子 流入細胞
造成神經傳導物質釋放 ─ 至突觸內

2. 神經傳導物質
與突觸後細胞 ─ 接受器結合
影響突觸後細胞 ─ 鈉離子 流入細胞
造成 ─ EPSP / IPSP

相關疾病
思覺失調症 ─ 過多
帕金森氏症 ─ 過少/退化 ─ Dopamine
憂鬱症 ─ Serotonin · 5HT
阿茲海默症 ─ 過少/退化 ─ 乙醯膽鹼
重症肌無力 ─ 接受器被破壞

突觸後電位
PSP

特性
可加成 ─ 空間 / 時間
大於閾值 ─ 產生動作電位
小於閾值

種類
興奮性PSP ─ EPSP / 鈉離子 擴散進入
抑制性PSP ─ IPSP / 鉀離子 流出 / 氯離子 進入

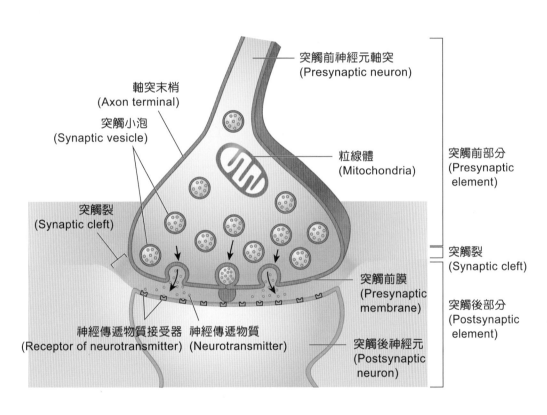

突觸前神經元軸突
(Presynaptic neuron)

軸突末梢
(Axon terminal)

突觸小泡
(Synaptic vesicle)

粒線體
(Mitochondria)

突觸前部分
(Presynaptic element)

突觸裂
(Synaptic cleft)

突觸裂
(Synaptic cleft)

突觸前膜
(Presynaptic membrane)

突觸後部分
(Postsynaptic element)

神經傳遞物質接受器   神經傳遞物質
(Receptor of neurotransmitter) (Neurotransmitter)

突觸後神經元
(Postsynaptic neuron)

→ 圖 6-1　突觸構造

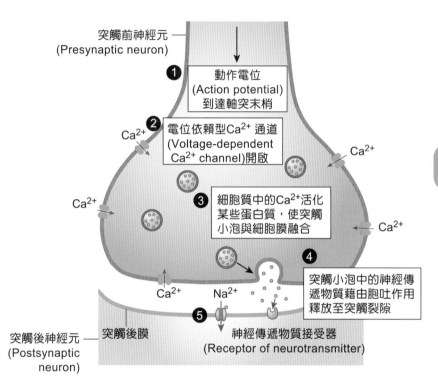

突觸前神經元
(Presynaptic neuron)

❶ 動作電位
(Action potential)
到達軸突末梢

Ca²⁺

❷ 電位依賴型Ca²⁺ 通道
(Voltage-dependent
Ca²⁺ channel)開啟

Ca²⁺

Ca²⁺

❸ 細胞質中的Ca²⁺活化
某些蛋白質，使突觸
小泡與細胞膜融合

Ca²⁺

❹ 突觸小泡中的神經傳
遞物質藉由胞吐作用
釋放至突觸裂隙

Ca²⁺   Na²⁺

突觸後神經元
(Postsynaptic neuron)

突觸後膜

❺

神經傳遞物質接受器
(Receptor of neurotransmitter)

→ 圖 6-2　突觸訊號傳遞流程

06

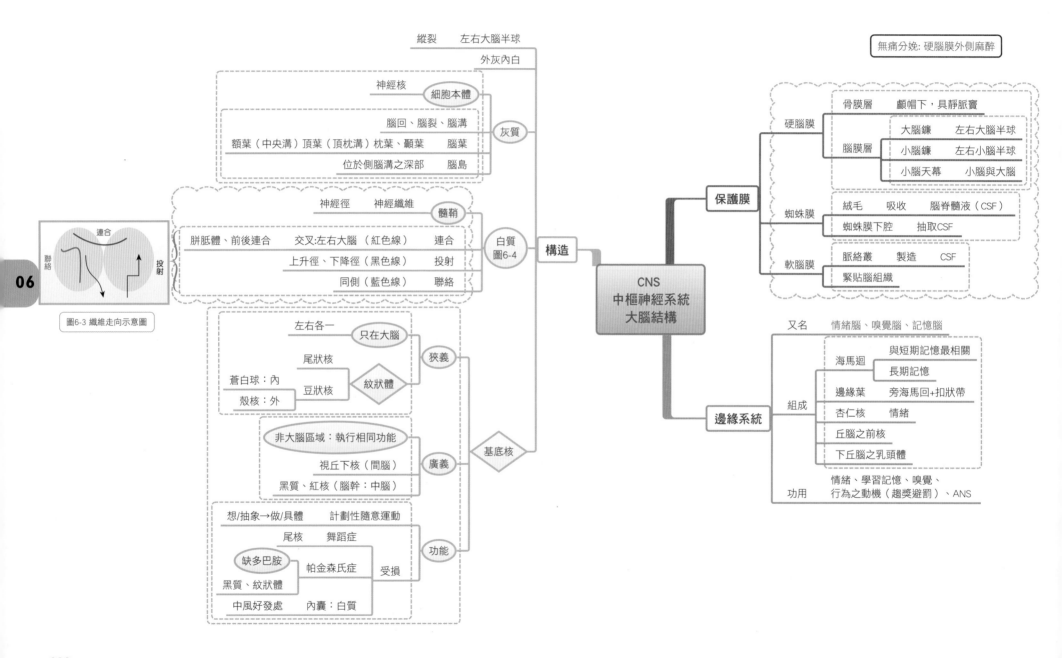

縱裂　左右大腦半球

外灰內白

無痛分娩: 硬腦膜外側麻醉

細胞本體 ── 神經核

灰質 ── 腦回、腦裂、腦溝

腦葉 ── 額葉（中央溝）頂葉（頂枕溝）枕葉、顳葉

腦島 ── 位於側腦溝之深部

髓鞘 ── 神經徑　神經纖維

連合 ── 胼胝體、前後連合　交叉:左右大腦（紅色線）

投射 ── 上升徑、下降徑（黑色線）

聯絡 ── 同側（藍色線）

白質 圖6-4

構造

**CNS
中樞神經系統
大腦結構**

保護膜

硬腦膜 ── 骨膜層　顱帽下，具靜脈竇

腦膜層
- 大腦鐮　左右大腦半球
- 小腦鐮　左右小腦半球
- 小腦天幕　小腦與大腦

蜘蛛膜 ── 絨毛　吸收　腦脊髓液（CSF）

蜘蛛膜下腔　抽取CSF

軟腦膜 ── 脈絡叢　製造　CSF

緊貼腦組織

連合

聯絡 ── 投射

06

圖6-3 纖維走向示意圖

只在大腦 ── 左右各一

紋狀體
- 尾狀核
- 豆狀核 ── 蒼白球：內　殼核：外

狹義

非大腦區域：執行相同功能

視丘下核（間腦）

黑質、紅核（腦幹：中腦）

廣義

基底核

功能

計劃性隨意運動 ── 想/抽象→做/具體

受損
- 尾核　舞蹈症
- 缺多巴胺 ── 帕金森氏症 ── 黑質、紋狀體
- 中風好發處　內囊：白質

邊緣系統

又名　情緒腦、嗅覺腦、記憶腦

組成
- 海馬迴 ── 與短期記憶最相關 ── 長期記憶
- 邊緣葉　旁海馬迴+扣狀帶
- 杏仁核　情緒
- 丘腦之前核
- 下丘腦之乳頭體

功用　情緒、學習記憶、嗅覺、行為之動機（趨獎避罰）、ANS

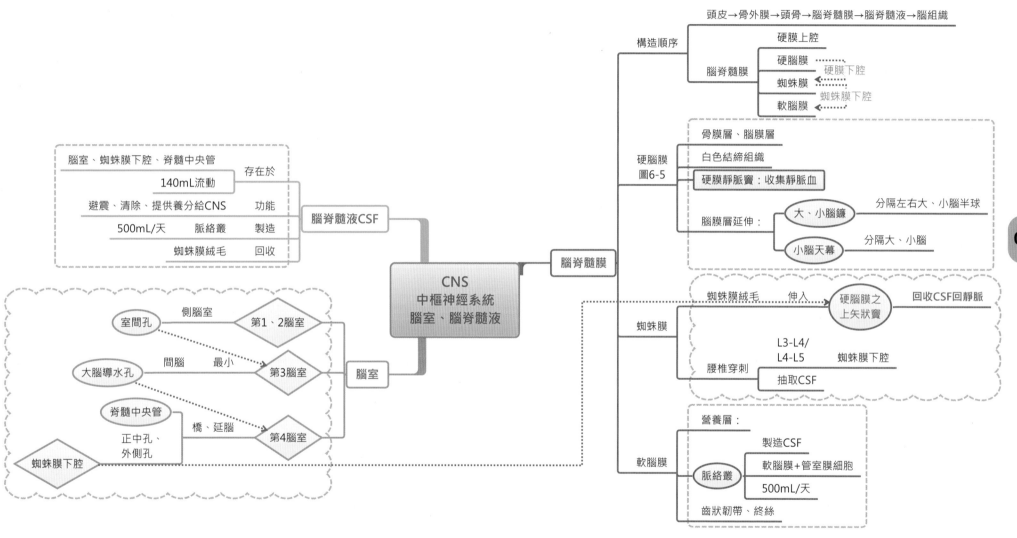

構造順序　頭皮→骨外膜→頭骨→腦脊髓膜→腦脊髓液→腦組織

腦脊髓膜
- 硬膜上腔
- 硬腦膜 ······→ 硬膜下腔
- 蜘蛛膜 ←······
- 軟腦膜 ······→ 蜘蛛膜下腔

硬腦膜　圖6-5
- 骨膜層、腦膜層
- 白色結締組織
- 硬膜靜脈竇：收集靜脈血
- 腦膜層延伸：
  - 大、小腦鐮　分隔左右大、小腦半球
  - 小腦天幕　分隔大、小腦

腦脊髓液CSF
- 存在於　腦室、蜘蛛膜下腔、脊髓中央管　140mL流動
- 功能　避震、清除、提供養分給CNS
- 製造　500mL/天　脈絡叢
- 回收　蜘蛛膜絨毛

蜘蛛膜
- 蜘蛛膜絨毛　伸入→　硬腦膜之上矢狀竇　回收CSF回靜脈
- 腰椎穿刺　L3-L4/L4-L5　蜘蛛膜下腔　抽取CSF

軟腦膜
- 營養層：
  - 脈絡叢　製造CSF　軟腦膜+管室膜細胞　500mL/天
  - 齒狀韌帶、終絲

CNS
中樞神經系統
腦室、腦脊髓液

腦脊髓膜

腦室
- 第1、2腦室　側腦室　室間孔
- 第3腦室　間腦　最小　大腦導水孔
- 第4腦室　橋、延腦　脊髓中央管　正中孔、外側孔

蜘蛛膜下腔

06

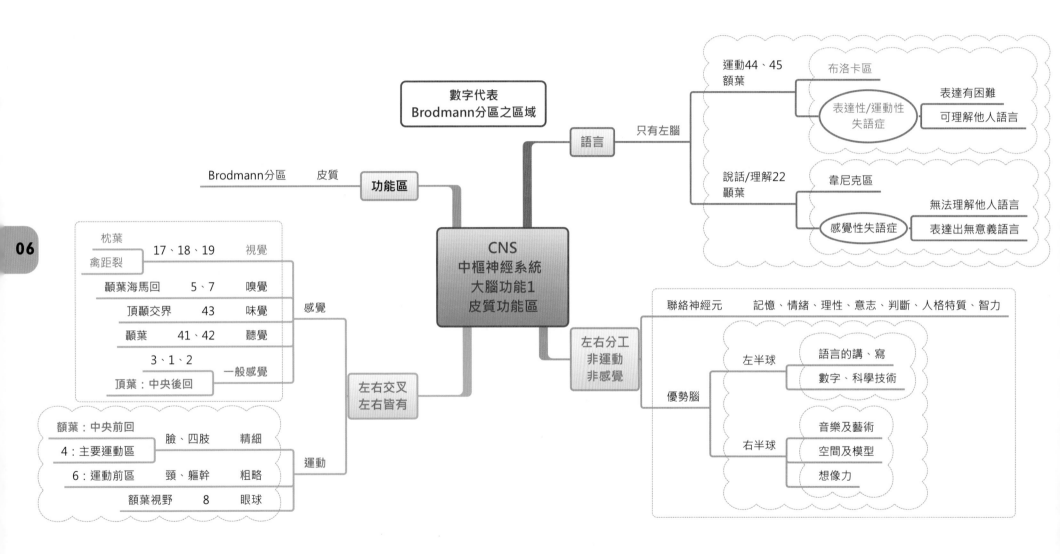

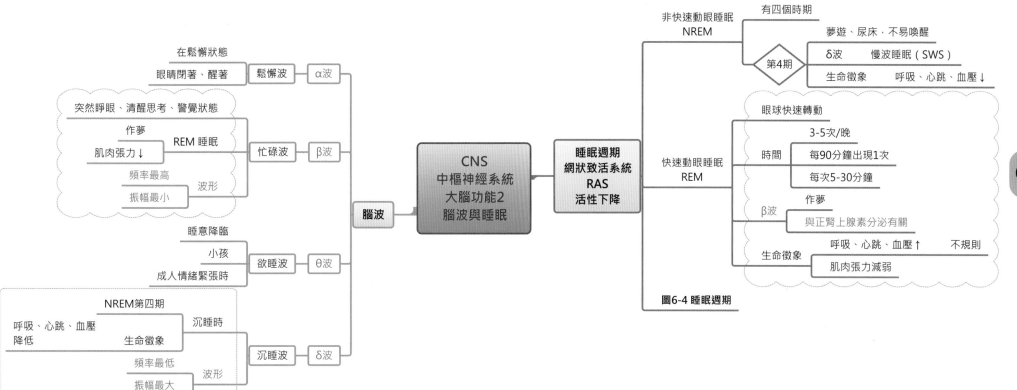

圖6-4 睡眠週期

06

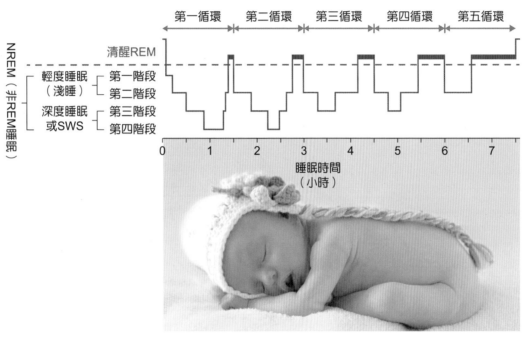

➡ 圖 6-4　睡眠週期

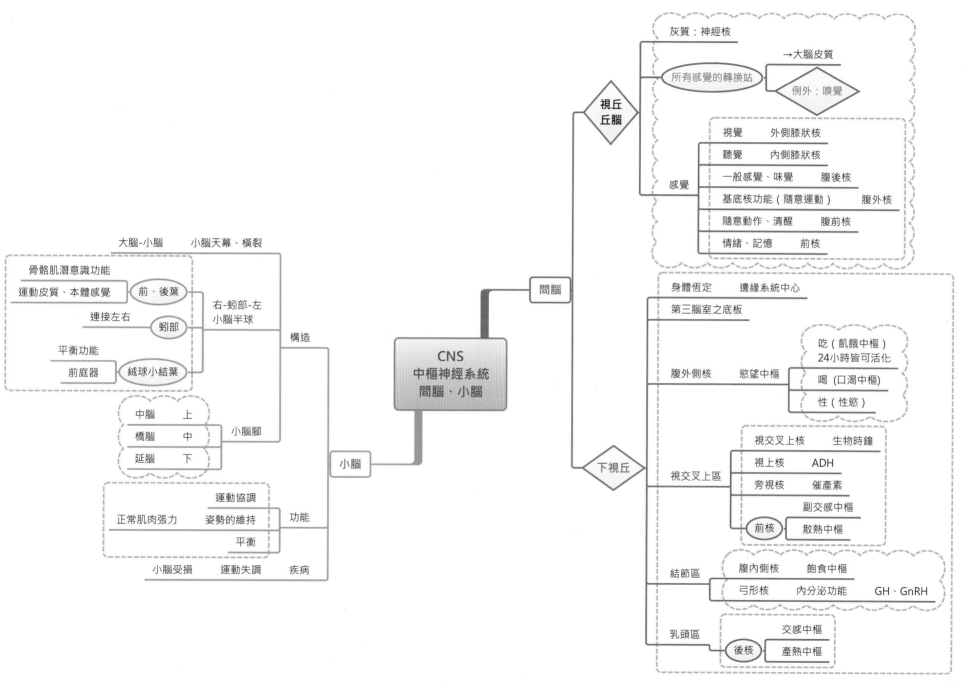

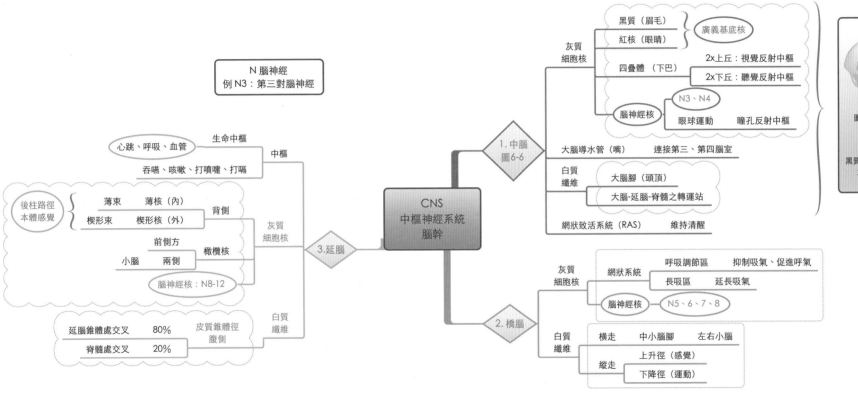

N 腦神經
例 N3：第三對腦神經

CNS 中樞神經系統 腦幹

1. 中腦 圖6-6

灰質 細胞核
- 黑質（眉毛）
- 紅核（眼睛）　　廣義基底核
- 四疊體（下巴）
  - 2x上丘：視覺反射中樞
  - 2x下丘：聽覺反射中樞
- 腦神經核　N3、N4　眼球運動　瞳孔反射中樞

大腦導水管（嘴）　連接第三、第四腦室

白質 纖維
- 大腦腳（頭頂）
- 大腦-延腦-脊髓之轉運站

網狀致活系統（RAS）　維持清醒

2. 橋腦

灰質 細胞核
- 網狀系統
  - 呼吸調節區　抑制吸氣、促進呼氣
  - 長吸區　延長吸氣
- 腦神經核　N5、6、7、8

白質 纖維
- 橫走　中小腦腳　左右小腦
- 縱走
  - 上升徑（感覺）
  - 下降徑（運動）

3.延腦

中樞
- 生命中樞　心跳、呼吸、血管
- 吞嚥、咳嗽、打噴嚏、打嗝

灰質 細胞核
- 後柱路徑 本體感覺
  - 薄束　薄核（內）　背側
  - 楔形束　楔形核（外）
  - 前側方　橄欖核
  - 小腦　兩側
  - 腦神經核：N8-12

白質 纖維
- 皮質錐體徑 腹側
  - 延腦錐體處交叉　80%
  - 脊髓處交叉　20%

圖6-5 中腦結構示意圖

請想像這是一張臉
大腦腳：頭頂、
黑質：眉毛、紅核：眼睛、
大腦導水管：嘴巴、
四疊體：下巴

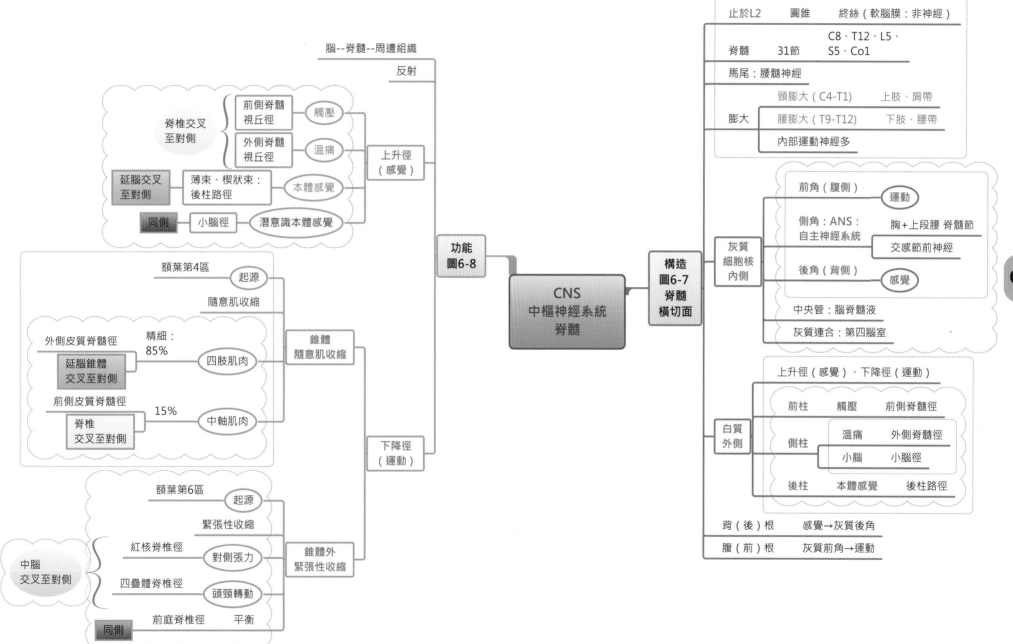

脳--脊髓--周邊組織

反射

脊椎交叉
至對側
　前側脊髓
　視丘徑 ── 觸壓
　外側脊髓
　視丘徑 ── 溫痛
　上升徑
　（感覺）

延腦交叉
至對側
　薄束、楔狀束：
　後柱路徑 ── 本體感覺

同側 ── 小腦徑 ── 潛意識本體感覺

額葉第4區 ── 起源
隨意肌收縮

外側皮質脊髓徑
延腦錐體
交叉至對側
精細：
85%
四肢肌肉
錐體
隨意肌收縮

前側皮質脊髓徑
脊椎
交叉至對側
15%
中軸肌肉

功能
圖6-8

下降徑
（運動）

額葉第6區 ── 起源
緊張性收縮

中腦
交叉至對側
紅核脊椎徑 ── 對側張力
四疊體脊椎徑 ── 頭頸轉動
錐體外
緊張性收縮

同側 ── 前庭脊椎徑 ── 平衡

CNS
中樞神經系統
脊髓

構造
圖6-7
脊髓
橫切面

止於L2　　圓錐　　終絲（軟腦膜：非神經）

脊髓　31節　C8、T12、L5、
　　　　　　　S5、Co1

馬尾：腰髓神經

頸膨大（C4-T1）　上肢、肩帶
膨大　腰膨大（T9-T12）　下肢、腰帶
內部運動神經多

灰質
細胞核
內側
前角（腹側）── 運動
側角：ANS：
自主神經系統
胸＋上段腰 脊髓節
交感節前神經
後角（背側）── 感覺
中央管：腦脊髓液
灰質連合：第四腦室

白質
外側
上升徑（感覺）、下降徑（運動）
前柱　觸壓　前側脊髓徑
側柱
溫痛　外側脊髓徑
小腦　小腦徑
後柱　本體感覺　後柱路徑

背（後）根　感覺→灰質後角
腹（前）根　灰質前角→運動

06

06

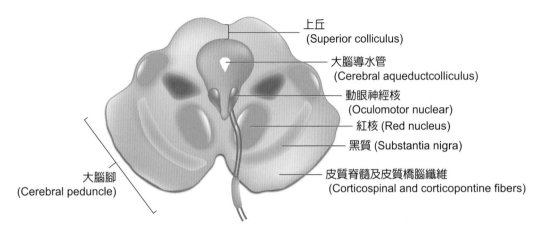

➜ 圖 6-6　中腦構造

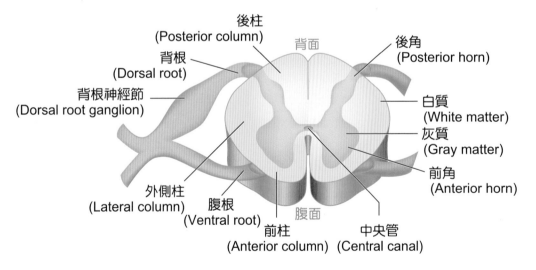

➜ 圖 6-7　脊髓橫切面

上行徑

薄束
(Fasciculus gracilis)

楔狀束
(Fasciculus cuneatus)

後脊髓小腦徑
(Posterior spinocerebellar
tract)

外側脊髓視丘徑
(Lateral spinothalamic tract)

前脊髓小腦徑
(Anterior spinocerebellar tract)

前脊髓視丘徑
(Anterior spinothalamic tract)

下行徑

外側皮質脊髓徑
(Lateral corticospinal tract)

紅核脊髓徑
(Rubrospinal tract)

前皮質脊髓徑
(Anterior corticospinal tract)

網狀脊髓徑
(Reticulospinal tract)

前庭脊髓徑
(Vestibulospinal tract)

四疊體脊髓徑
(Tectospinal tract)

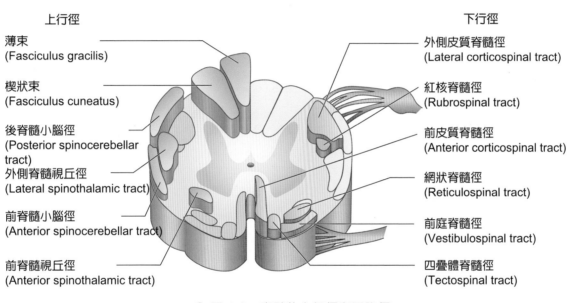

→ 圖 6-8　脊髓的上行徑和下降徑

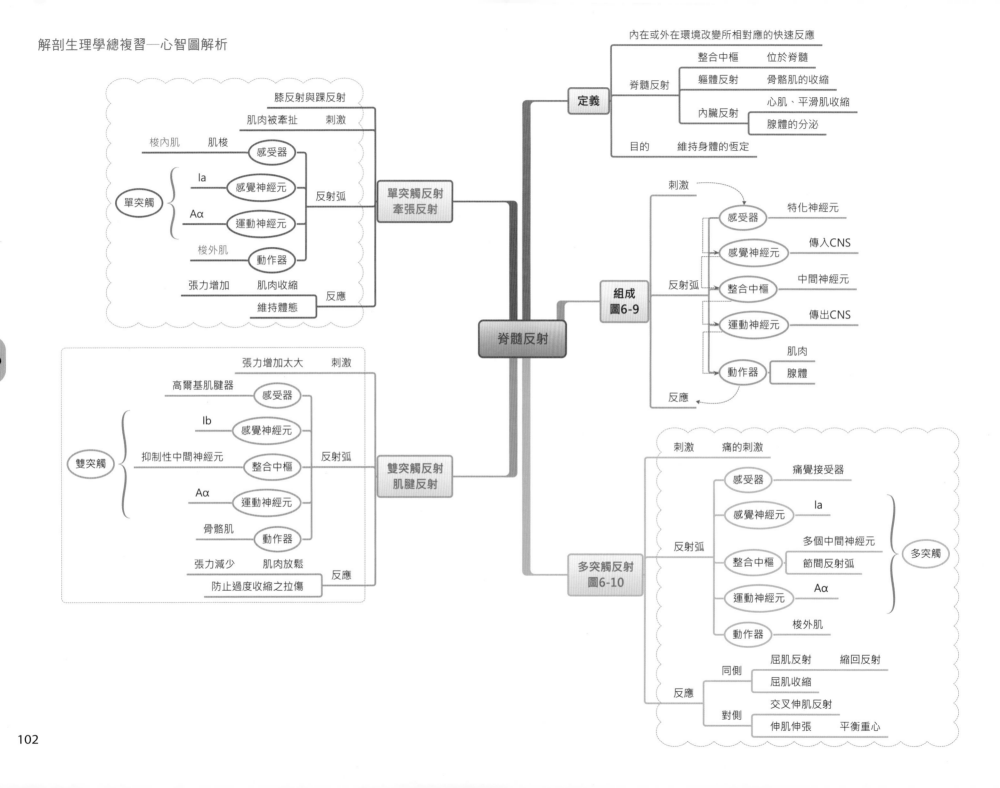

脊髓反射

定義
- 內在或外在環境改變所相對應的快速反應
- 脊髓反射
  - 整合中樞　位於脊髓
  - 軀體反射　骨骼肌的收縮
  - 內臟反射　心肌、平滑肌收縮
  - 　　　　　腺體的分泌
- 目的　維持身體的恆定

單突觸反射 牽張反射
- 膝反射與踝反射
- 肌肉被牽扯　刺激
- 梭內肌　肌梭
- 單突觸
  - 感受器
  - Ia　感覺神經元
  - Aα　運動神經元
  - 梭外肌　動作器
  - 反射弧
- 張力增加　肌肉收縮
- 維持體態　反應

雙突觸反射 肌腱反射
- 張力增加太大　刺激
- 高爾基肌腱器　感受器
- 雙突觸
  - Ib　感覺神經元
  - 抑制性中間神經元　整合中樞
  - Aα　運動神經元
  - 骨骼肌　動作器
  - 反射弧
- 張力減少　肌肉放鬆
- 防止過度收縮之拉傷　反應

組成 圖6-9
- 刺激
- 反射弧
  - 感受器　特化神經元
  - 感覺神經元　傳入CNS
  - 整合中樞　中間神經元
  - 運動神經元　傳出CNS
  - 動作器　肌肉／腺體
- 反應

多突觸反射 圖6-10
- 刺激　痛的刺激
- 反射弧
  - 感受器　痛覺接受器
  - 感覺神經元　Ia
  - 整合中樞　多個中間神經元／節間反射弧
  - 運動神經元　Aα
  - 動作器　梭外肌
  - 多突觸
- 反應
  - 同側
    - 屈肌反射　縮回反射
    - 屈肌收縮
  - 對側
    - 交叉伸肌反射
    - 伸肌伸張　平衡重心

06

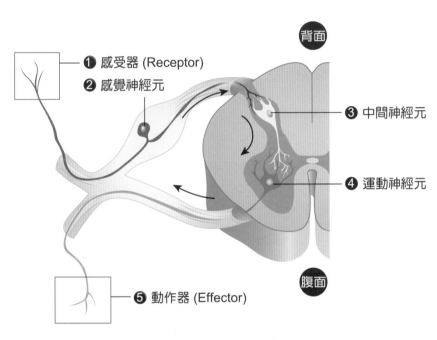

① 感受器 (Receptor)

② 感覺神經元

③ 中間神經元

④ 運動神經元

⑤ 動作器 (Effector)

背面

腹面

● 圖 6-9 反射組成

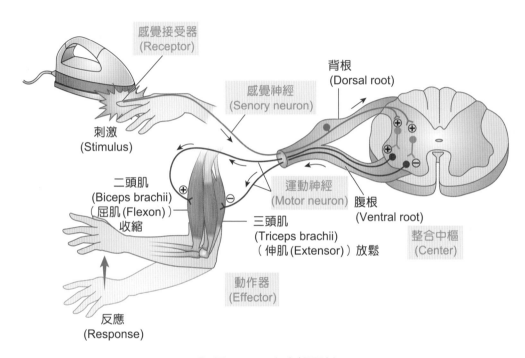

感覺接受器 (Receptor)

背根 (Dorsal root)

感覺神經 (Senory neuron)

刺激 (Stimulus)

運動神經 (Motor neuron)

二頭肌 (Biceps brachii)（屈肌 (Flexon)）收縮

三頭肌 (Triceps brachii)（伸肌 (Extensor)）放鬆

腹根 (Ventral root)

整合中樞 (Center)

動作器 (Effector)

反應 (Response)

● 圖 6-10 多突觸反射

課後複習

1. 下列何者是由膽鹼性神經纖維 (cholinergic nerve fiber) 興奮所引起的反應？ (A) 虹膜輻射肌收縮　(B) 皮膚小動脈平滑肌收縮　(C) 近腎絲球細胞分泌腎素　(D) 腎上腺髓質分泌腎上腺素。

2. γ-胺基丁酸 (GABA) 與大腦神經元的 GABA_A 受體結合後，引發突觸傳遞的過程，下列何者錯誤？ (A) 氯離子通道開啟使氯離子流入細胞內　(B) 突觸後膜電位接近氯離子平衡電位　(C) 突觸後細胞膜產生去極化作用　(D) 產生抑制性突觸後電位。

3. 有關大腦習慣化 (habituation) 的敘述，下列何者正確？ (A) 主要是重複接觸到傷害性的刺激所引起　(B) 與突觸前神經元末梢鈣離子通道不活化有關　(C) 與突觸前興奮性神經傳遞物質分泌量增加有關　(D) 與海馬的長期增益作用 (long-term potentiation) 相同。

4. 下列哪一種神經膠細胞 (neuroglia cells) 可幫助調節腦脊髓液 (cerebrospinal fluid) 的生成與流動？ (A) 室管膜細胞 (ependymal cell)　(B) 星狀細胞 (astrocyte)　(C) 微膠細胞 (microglia)　(D) 寡突細胞 (oligodendrocyte)。

5. 有關靜止膜電位 (resting membrane potential) 之敘述，下列何者正確？ (A) 細胞外鉀離子濃度增加，靜止膜電位減小　(B) 細胞外鉀離子濃度減少，靜止膜電位減小　(C) 細胞內鉀離子濃度增加，靜止膜電位減小　(D) 細胞內鉀離子濃度增加，靜止膜電位不變。

6. 下列何種細胞受損對血腦障壁 (blood-brain barrier) 的功能影響最大？ (A) 微膠細胞 (microglia)　(B) 寡突細胞 (oligodendrocytes)　(C) 星狀細胞 (astrocytes)　(D) 室管膜細胞 (ependymal cells)。

7. 脊髓的齒狀韌帶由下列何者衍生構成？ (A) 軟脊膜　(B) 蛛網膜　(C) 硬脊膜　(D) 絨毛膜。

8. 下橄欖核 (inferior olivary nucleus) 位於下列何處？ (A) 橋腦 (pons)　(B) 小腦 (cerebellum)　(C) 脊髓 (spinal cord)　(D) 延髓 (medulla oblongata)。

9. 下列何者位於延髓 (medulla oblongata)？ (A) 乳頭體 (mammillary body)　(B) 四疊體 (corpora quadrigemina)　(C) 錐體 (pyramid)　(D) 松果體 (pineal body)。

10. 基底核 (basal nuclei) 功能受損或退化的症狀，下列何者最有關？ (A) 阿茲海默症　(B) 帕金森氏症　(C) 失語症　(D) 嗅覺喪失。

11. 下列哪一種狀況最不可能發生於快速動眼睡眠 (rapid eye movement sleep)？ (A) 作夢　(B) 夢遊　(C) 出現 β 腦電波　(D) 呼吸與心跳速率不規則。

12. 某同學右手碰觸到剛煮沸的熱開水後立刻縮回，此動作屬於下列哪一種反射？ (A) 屈肌反射 (flexor reflex)　(B) 牽張反射 (stretch reflex)　(C) 自主反射 (autonomic reflex)　(D) 交叉伸肌反射 (crossed extensor reflex)。

13. 治療憂鬱症主要針對下列何種神經傳導物質進行調節？ (A)GABA (γ-aminobutyric acid)　(B) 血清素 (serotonin)　(C) 乙醯膽鹼 (acetylcholine)　(D) 腎上腺素 (epinephrine)。

14. 下列何者不是星狀細胞 (astrocytes) 的功能？ (A) 吞噬外來或壞死組織　(B) 形成腦血管障蔽　(C) 參與腦的發育　(D) 調節鉀離子濃度。

15. 下列何者不是下視丘的主要功能？ (A) 調節體溫　(B) 調節晝夜節律 (circadian rhythm)　(C) 控制腦垂體 (pituitary) 賀爾蒙分泌　(D) 調節呼吸節律。

16. 下列何者不是常見的神經傳導物質 (neurotransmitter)？ (A) 多巴胺 (dopamine)　(B) 甘胺酸 (glycine)　(C) 血清素 (serotonin)　(D) 胰島素 (insulin)。

17. 脊髓前角 (anterior horn) 負責下列何種神經訊息的傳遞？(A) 運動訊息的傳出　(B) 感覺訊息的傳出　(C) 運動訊息的傳入　(D) 感覺訊息的傳入。

18. 從脊髓圓錐 (conus medullaris) 向下延伸，下列何者連結尾骨，可用來幫忙固定脊髓？(A) 馬尾 (cauda equina)　(B) 終絲 (filum terminale)　(C) 脊髓根 (spinal root)　(D) 神經束膜 (perineuriun)。

19. 下列哪一小腦的纖維束連接橋腦 (pons)？(A) 小葉小結葉 (flocculonodular lobe)　(B) 下小腦腳 (inferior cerebellar peduncle)　(C) 中小腦腳 (middle cerebellar peduncle)　(D) 上小腦腳 (superior cerebellar peduncle)。

20. 運動失調 (ataxia) 主要是因為腦部哪一區域受損？(A) 橋腦 (pons)　(B) 下視丘 (hypothalamus)　(C) 小腦 (cerebellum)　(D) 前額葉皮質 (prefrontal cortex)。

21. 下列哪個腦區受損會造成表達性的失語症？(A) 阿爾柏特氏區 (Albert's area)　(B) 布洛卡氏區 (Broca's area)　(C) 史特爾氏區 (Stryer's area)　(D) 沃爾尼克氏區 (Wernicke's area)。

22. 下列哪一腦區病變最可能造成表達性失語症 (expressive aphasia)？(A) 顳葉 (temporal lobe) 的布洛卡區 (Broca's area)　(B) 顳葉 (temporal lobe) 的渥尼克區 (Wernicke's area)　(C) 額葉 (frontal lobe) 的布洛卡區 (Broca's area)　(D) 額葉 (frontal lobe) 的渥尼克區 (Wernicke's area)。

23. 下列何種軸突動作電位特性，使其神經訊號傳遞具有單方向性？(A) 閾值 (threshold)　(B) 過極化 (hyperpolarization)　(C) 不反應期 (refractory period)　(D) 全有或全無 (all-or-none)。

24. 包圍周邊神經軸突的髓鞘 (myelin sheath)，主要組成為何？(A) 神經元所分泌的囊泡 (secretory vesicles)　(B) 神經元細胞體的外突 (external process)　(C) 許旺細胞 (Schwann cells)　(D) 微膠細胞 (microglia)。

25. 以腦波圖 (electroencephalogram) 檢測一位清醒、有意識的成人，觀察到大量的 δ 波，顯示此人較可能處於下列何種情境？(A) 注意力集中 (focused)　(B) 心情放鬆 (relaxed)　(C) 嚴重精神損害 (severe emotional distress)　(D) 腦部受損 (brain trauma)。

26. 下列何者是對視覺刺激而引起頭部及眼球運動的反射中樞？(A) 四疊體 (corpora quadrigemina) 下丘 (inferior colliculi)　(B) 四疊體上丘 (superior colliculi)　(C) 內側蹄系 (medial lemniscus)　(D) 黑質 (substantia nigra)。

27. 當感覺神經衝動由背根神經節傳入脊髓後，最終經過下列何處將神經衝動轉投射至大腦？(A) 杏仁核 (amygdala)　(B) 視丘 (thalamus)　(C) 延腦 (medulla oblongata)　(D) 胼胝體 (corpus callosum)。

28. 神經細胞受傷後，下列何種胞器常會發生「溶解」現象？(A) 高爾基氏體　(B) 尼氏體　(C) 粒線體　(D) 核糖體。

29. 下列何種情況會使神經元產生去極化 (depolarization) 現象？(A) 鈉離子流出細胞外　(B) 鉀離子流出細胞外　(C) 氯離子流入細胞內　(D) 鈉離子流入細胞內。

解答

1.D	2.C	3.B	4.A	5.A	6.C	7.A	8.D	9.C	10.B
11.B	12.A	13.B	14.A	15.D	16.D	17.A	18.B	19.C	20.C
21.B	22.C	23.C	24.C	25.D	26.B	27.B	28.B	29.D	

06

06

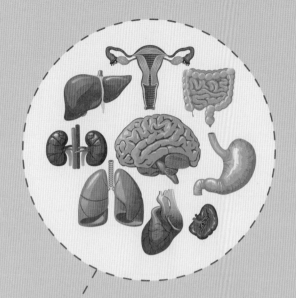

CHAPTER 07

周邊神經系統 ●
Peripheral Nervous System

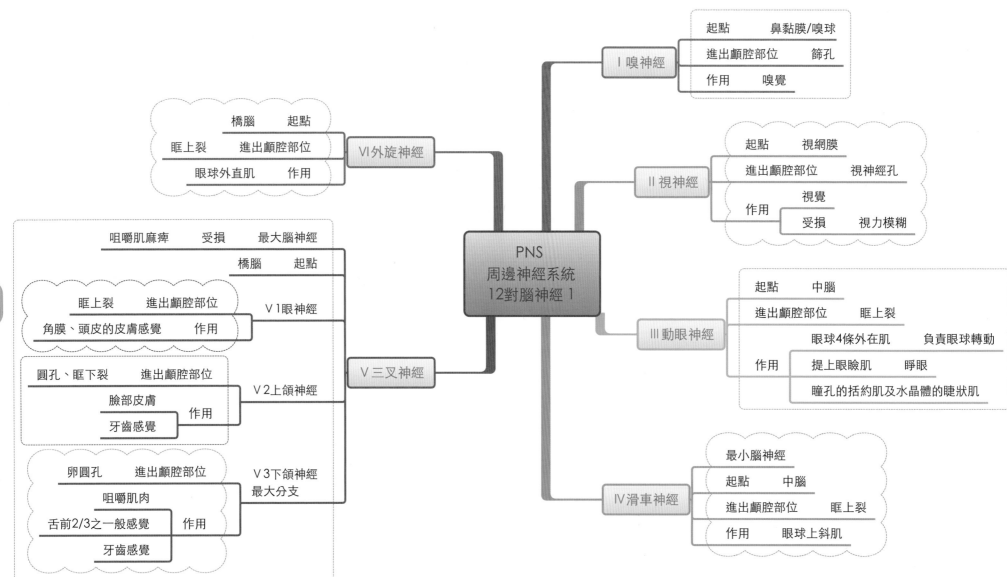

I 嗅神經
起點	鼻黏膜/嗅球
進出顱腔部位	篩孔
作用	嗅覺

VI 外旋神經
橋腦　起點
眶上裂　進出顱腔部位
眼球外直肌　作用

II 視神經
起點	視網膜
進出顱腔部位	視神經孔
作用	視覺
	受損　視力模糊

PNS
周邊神經系統
12對腦神經 1

V 三叉神經

咀嚼肌麻痺　受損　最大腦神經
橋腦　起點
V1 眼神經
眶上裂　進出顱腔部位
角膜、頭皮的皮膚感覺　作用

V2 上頜神經
圓孔、眶下裂　進出顱腔部位
臉部皮膚
牙齒感覺　作用

V3 下頜神經 最大分支
卵圓孔　進出顱腔部位
咀嚼肌肉
舌前2/3之一般感覺　作用
牙齒感覺

III 動眼神經
起點　中腦
進出顱腔部位　眶上裂
眼球4條外在肌　負責眼球轉動
提上眼瞼肌　睜眼
瞳孔的括約肌及水晶體的睫狀肌
作用

IV 滑車神經
最小腦神經
起點　中腦
進出顱腔部位　眶上裂
作用　眼球上斜肌

07

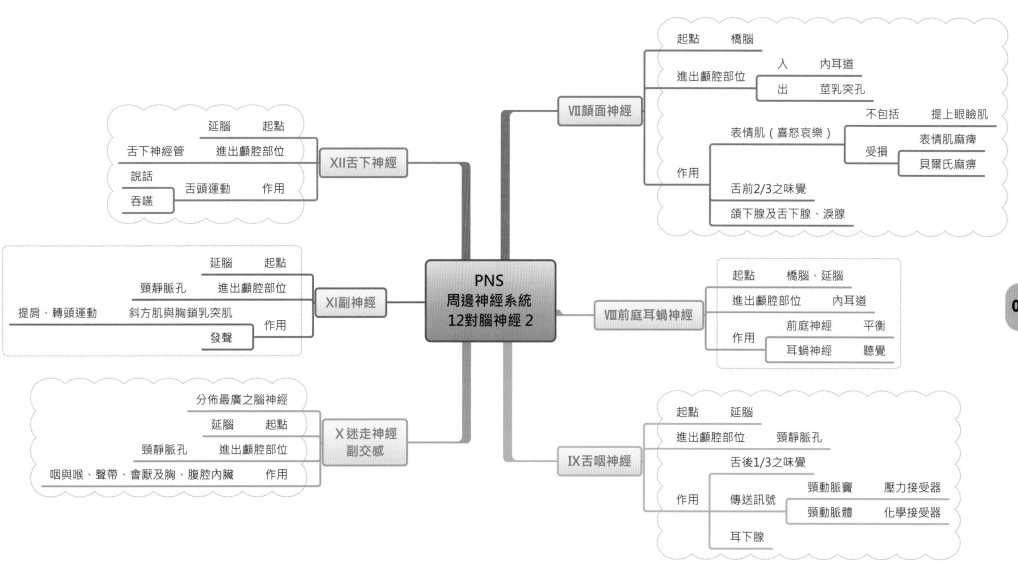

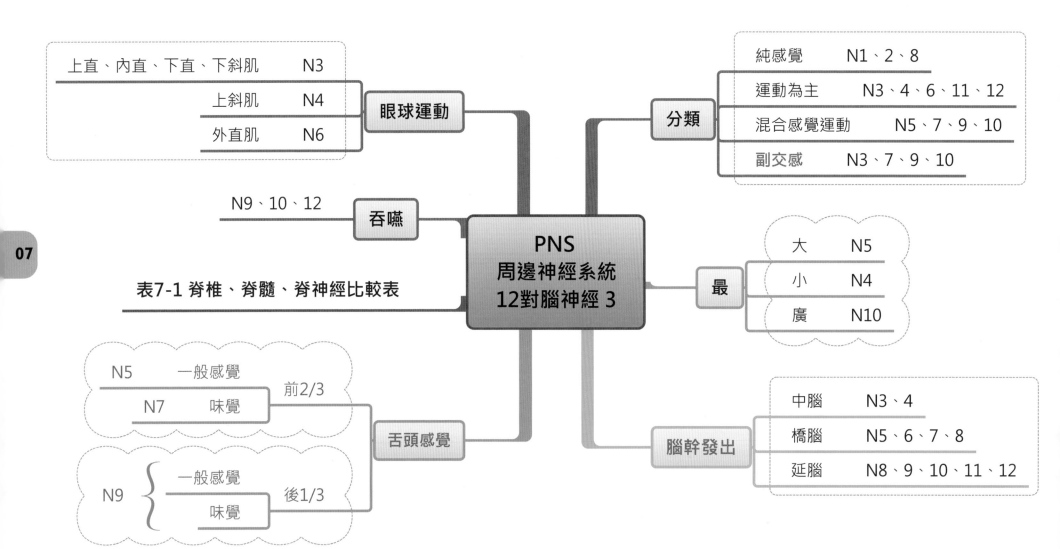

N：腦神經
例 N1：第一對腦神經

上直、內直、下直、下斜肌　N3
上斜肌　N4
外直肌　N6
眼球運動

N9、10、12
吞嚥

表7-1 脊椎、脊髓、脊神經比較表

N5　一般感覺
N7　味覺
前2/3
N9 ｛ 一般感覺
味覺
後1/3
舌頭感覺

PNS
周邊神經系統
12對腦神經 3

分類
純感覺　N1、2、8
運動為主　N3、4、6、11、12
混合感覺運動　N5、7、9、10
副交感　N3、7、9、10

最
大　N5
小　N4
廣　N10

腦幹發出
中腦　N3、4
橋腦　N5、6、7、8
延腦　N8、9、10、11、12

07

⊃ 表 7-1　脊椎、脊髓、脊神經比較表

	脊椎：Bone	脊髓：CNS	脊神經：PNS
C	7	8	8
T	12	12	12
L	5	5	5
S	1	5	5
Co	1	1	1
total	26塊	31	31對脊神經

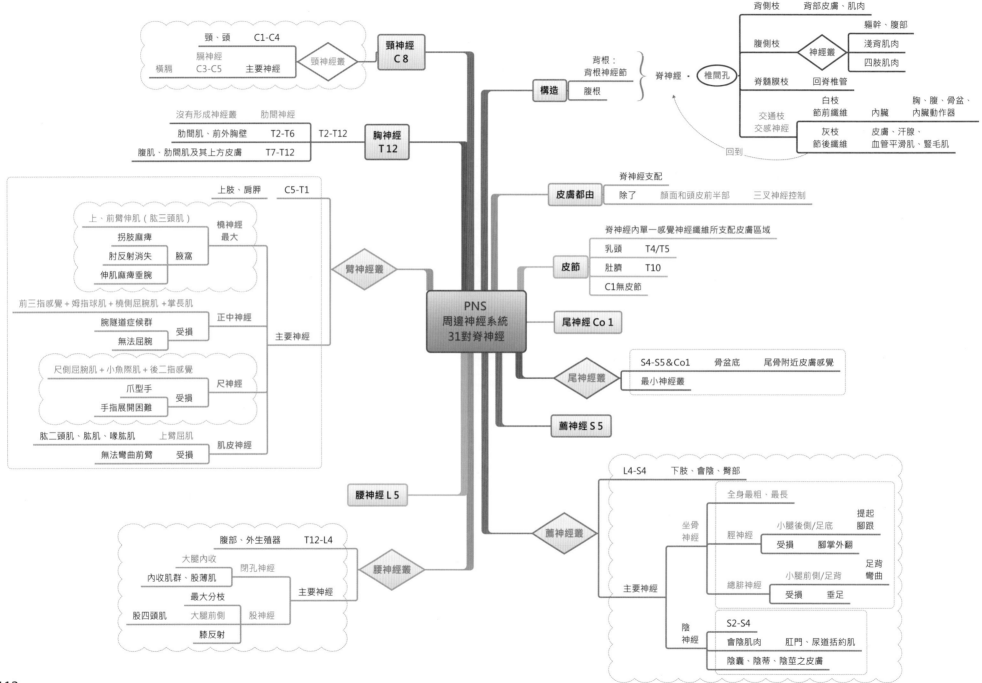

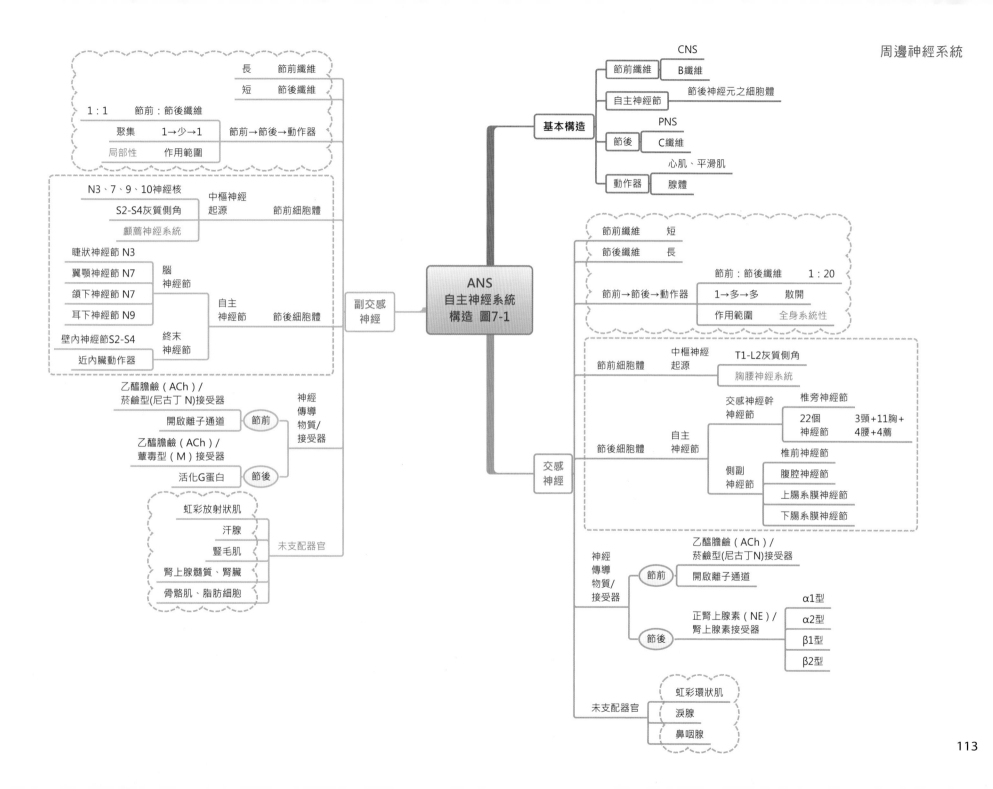

基本構造
- 節前纖維 ── CNS ── B纖維
- 自主神經節 ── 節後神經元之細胞體
- 節後 ── PNS ── C纖維
- 動作器 ── 心肌、平滑肌 / 腺體

ANS 自主神經系統 構造 圖7-1

副交感神經
- 長　節前纖維
- 短　節後纖維
- 1：1　節前：節後纖維
- 聚集　1→少→1　節前→節後→動作器
- 局部性　作用範圍

中樞神經起源　節前細胞體
- N3、7、9、10神經核
- S2-S4灰質側角
- 顱薦神經系統

自主神經節　節後細胞體
- 腦神經節
  - 睫狀神經節 N3
  - 翼顎神經節 N7
  - 頜下神經節 N7
  - 耳下神經節 N9
- 終末神經節
  - 壁內神經節 S2-S4
  - 近內臟動作器

神經傳導物質/接受器
- 節前：乙醯膽鹼（ACh）/ 菸鹼型(尼古丁 N)接受器 ── 開啟離子通道
- 節後：乙醯膽鹼（ACh）/ 蕈毒型（M）接受器 ── 活化G蛋白

未支配器官
- 虹彩放射狀肌
- 汗腺
- 豎毛肌
- 腎上腺髓質、腎臟
- 骨骼肌、脂肪細胞

交感神經
- 節前纖維　短
- 節後纖維　長
- 節前：節後纖維　1：20
- 節前→節後→動作器　1→多→多　散開
- 作用範圍　全身系統性

節前細胞體　中樞神經起源　T1-L2灰質側角　胸腰神經系統

節後細胞體　自主神經節
- 交感神經幹神經節 ── 椎旁神經節 ── 22個神經節 3頸+11胸+4腰+4薦
- 側副神經節
  - 椎前神經節
  - 腹腔神經節
  - 上腸系膜神經節
  - 下腸系膜神經節

神經傳導物質/接受器
- 節前：乙醯膽鹼（ACh）/ 菸鹼型(尼古丁N)接受器 ── 開啟離子通道
- 節後：正腎上腺素（NE）/ 腎上腺素接受器
  - α1型
  - α2型
  - β1型
  - β2型

未支配器官
- 虹彩環狀肌
- 淚腺
- 鼻咽腺

07

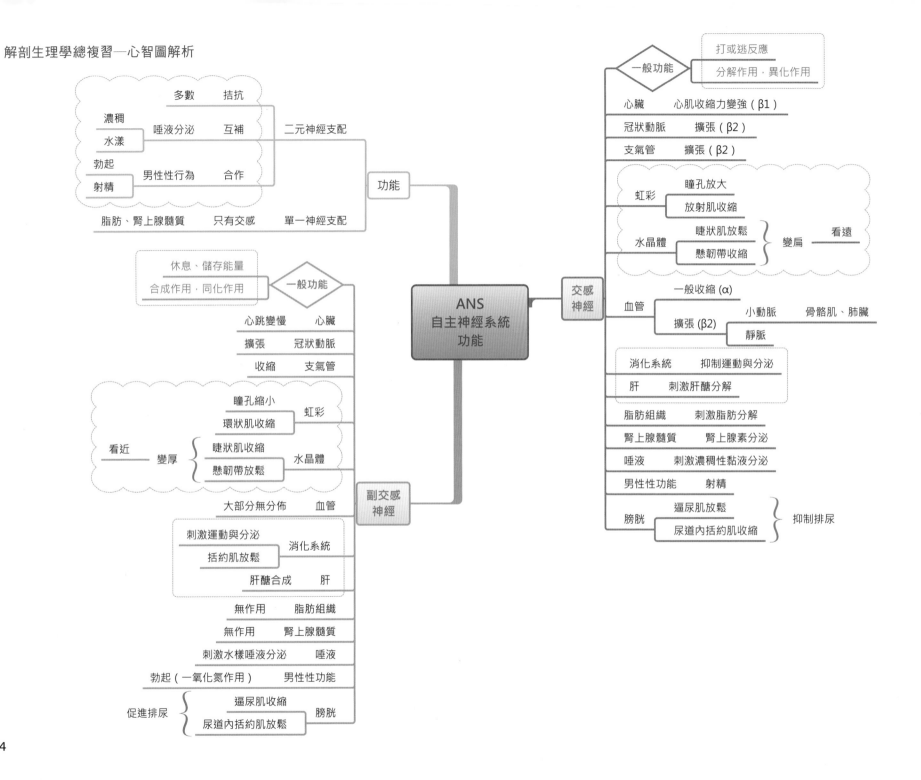

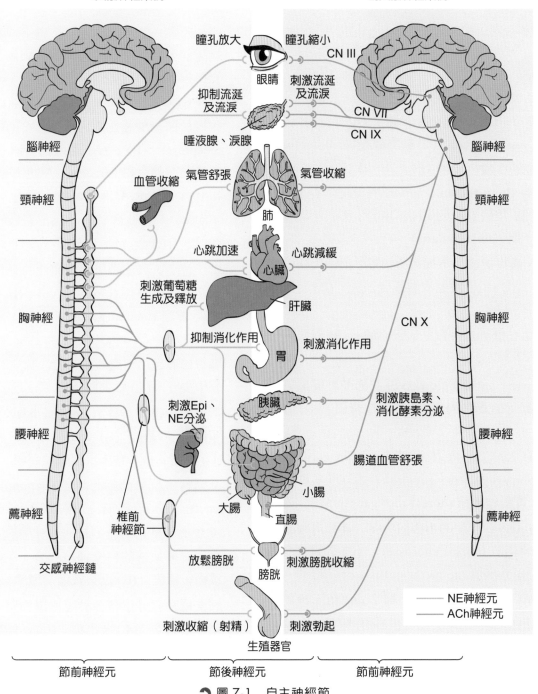

瞳孔放大　　瞳孔縮小
　　　　　　　　　CN III
眼睛

抑制流涎　　刺激流涎
及流淚　　　及流淚
　　　　　　　　　CN VII
唾液腺、淚腺　　　　CN IX

腦神經　　　　　　　　　　　　　　　　　　腦神經

血管收縮　氣管舒張　氣管收縮

頸神經　　　　　　　　肺　　　　　　　　　頸神經

心跳加速　　心跳減緩
　　　　　　心臟

刺激葡萄糖
生成及釋放　　　　　　肝臟

胸神經　　　　　　　　　　　CN X　　　　　胸神經

抑制消化作用　　刺激消化作用
　　　　　　　胃

刺激Epi、　　　　　胰臟　　刺激胰島素、
NE分泌　　　　　　　　　　消化酵素分泌

腰神經　　　　　　　　　　　　　　　　　　腰神經

　　　　　　　　　　　　　腸道血管舒張

薦神經　　　　　　　　　　小腸　　　　　　薦神經

椎前　　　　大腸
神經節　　　直腸

放鬆膀胱　　刺激膀胱收縮
　　　　　　膀胱

交感神經鏈

NE神經元
ACh神經元

刺激收縮（射精）　刺激勃起
生殖器官

節前神經元　　　節後神經元　　　節前神經元

➲ 圖 7-1　自主神經節

07

課後複習

1. 下列何者的副交感神經纖維分布到淚腺及舌下腺？ (A) 顏面神經 (facial nerve)　(B) 迷走神經 (vagus nerve)　(C) 動眼神經 (oculomotor nerve)　(D) 舌咽神經 (glossopharyngeal nerve)。

2. 下列哪一條肌肉是由胸長神經 (long thoracic nerve) 所支配？ (A) 胸小肌 (pectoralis minor)　(B) 胸大肌 (pectoralis major)　(C) 前鋸肌 (serratus anterior)　(D) 肩胛下肌 (subscapularis)。

3. 股神經 (femoral nerve) 受損，最可能發生下列何種情形？ (A) 大腿內收功能不全　(B) 膝反射消失　(C) 男性陰莖皮膚感覺消失　(D) 足無法外翻。

4. 下列哪一種組織或器官不受副交感神經控制？ (A) 心臟　(B) 胃腺 (C) 虹膜放射肌　(D) 逼尿肌。

5. 交感神經中的大內臟神經 (greater splanchnic nerve) 其節前神經纖維來自下列何者？ (A) 頸段脊髓　(B) 胸段脊髓　(C) 腰段脊髓　(D) 薦段脊髓。

6. 下列何者為副交感神經節？ (A) 上頸神經節 (superior cervical ganglion)　(B) 翼腭神經節 (pterygopalatine ganglion)　(C) 前庭神經節 (vestibular ganglion)　(D) 背根神經節 (dorsal root ganglion)。

7. 下列何者是正中神經 (median nerve) 支配的手部肌肉？ (A) 拇內收肌 (adductor pollicis)　(B) 骨間背側肌 (dorsal interossei)　(C) 骨間掌側肌 (palmar interossei)　(D) 拇短外展肌 (abductor pollicis brevis)。

8. 舌後三分之一的味覺衝動是由下列何者傳送到中樞？ (A) 顏面神經 (facial nerve)　(B) 舌下神經 (hypoglossal nerve)　(C) 迷走神經 (vagus nerve)　(D) 舌咽神經 (glossopharyngeal nerve)。

9. 拔牙前，醫生進行局部麻醉以阻斷下列何者之傳導來減少疼痛？ (A) 三叉神經　(B) 顏面神經　(C) 舌咽神經　(D) 舌下神經。

10. 交感神經節前神經元 (preganglionic neuron) 所釋放之神經傳導物質作用於節後神經元的何種受器？ (A) α 腎上腺素性受器 (α adrenergic receptors)　(B) β 腎上腺素性受器 (β adrenergic receptors)　(C) 菸鹼性乙醯膽鹼受器 (nicotinic ACh receptors)　(D) 蕈毒鹼性乙醯膽鹼受器 (muscarinic ACh receptors)。

11. 下列何者是膈神經 (phrenic nerve) 主要包含的脊神經深枝？ (A) C_1~C_2　(B) C_3~C_5　(C) T_1~T_3　(D) T_{12}~L_4。

12. 當一位病人無法做出手肘屈曲的動作時，最有可能是下列哪條神經受損？ (A) 尺神經 (ulnar nerve)　(B) 正中神經 (median nerve)　(C) 胸內側神經 (medial pectoral nerve)　(D) 肌皮神經 (musculocutaneous nerve)。

13. 腦脊髓液是由何處產生？ (A) 腦室的脈絡叢　(B) 大腦導水管　(C) 脊髓中央管　(D) 蛛網膜下腔。

14. 下列對於滑車神經 (trochlear nerve) 的敘述，何者錯誤？ (A) 主要含運動神經纖維　(B) 支配眼球外直肌　(C) 它經由眶上裂進入眼眶內 (D) 單側受損，會出現複視及斜視。

15. 下列何者位於延腦的錐體 (pyramids)？ (A) 紅核脊髓徑 (rubrospinal tract)　(B) 皮質脊髓徑 (corticospinal tract)　(C) 四疊體脊髓徑 (tectospinal tract)　(D) 前庭脊髓徑 (vestibulospinal tract)。

16. 自主神經系統的白交通枝內含下列何者？ (A) 交感節前纖維　(B) 交感節後纖維　(C) 副交感節前纖維　(D) 副交感節後纖維。

17. 副交感神經分泌何種神經傳導物質，會刺激淚腺大量分泌淚液？ (A) 正腎上腺素　(B) 多巴胺　(C) 乙醯膽鹼　(D) 腎上腺素。

18. 脊髓灰質中交感神經的節前神經元細胞本體位於下列何處？ (A) 前角 (anterior horn)　(B) 後角 (posterior horn)　(C) 外側角 (lateral horn)　(D) 灰質連合 (gray commissure)。

19. 下列何者支配耳下腺 (parotid gland) 的分泌？ (A) 耳神經節　(B) 翼腭神經節　(C) 睫狀神經節　(D) 下頜下神經節。

20. 下列何者是以手電筒照射眼睛引起瞳孔反射的傳入神經？ (A) 顏面神經　(B) 滑車神經　(C) 視神經　(D) 動眼神經。

07

解　答

1.A	2.C	3.B	4.C	5.B	6.B	7.D	8.D	9.A	10.C
11.B	12.D	13.A	14.B	15.B	16.A	17.C	18.C	19.A	20.C

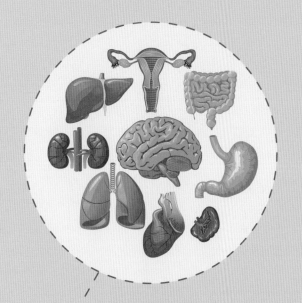

CHAPTER 08

感覺 ●
Senses

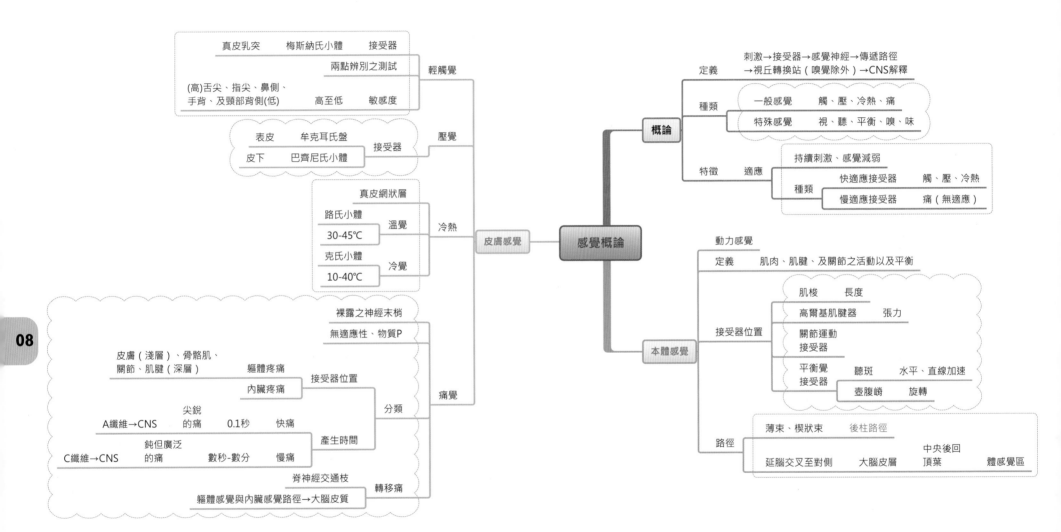

真皮乳突　梅斯納氏小體　接受器

兩點辨別之測試

(高)舌尖、指尖、鼻側、
手背、及頸部背側(低)　高至低　敏感度

輕觸覺

表皮　牟克耳氏盤

皮下　巴齊尼氏小體

接受器

壓覺

真皮網狀層

路氏小體

30-45℃　溫覺

克氏小體

10-40℃　冷覺

冷熱

皮膚感覺

裸露之神經末梢

無適應性、物質P

皮膚（淺層）、骨骼肌、
關節、肌腱（深層）　軀體疼痛

內臟疼痛

接受器位置

A纖維→CNS　尖銳
的痛　0.1秒　快痛

鈍但廣泛
C纖維→CNS　的痛　數秒-數分　慢痛

產生時間

脊神經交通枝

軀體感覺與內臟感覺路徑→大腦皮質

轉移痛

痛覺

分類

感覺概論

概論

定義　刺激→接受器→感覺神經→傳遞路徑
→視丘轉換站（嗅覺除外）→CNS解釋

種類

一般感覺　觸、壓、冷熱、痛

特殊感覺　視、聽、平衡、嗅、味

特徵　適應

持續刺激、感覺減弱

快適應接受器　觸、壓、冷熱

慢適應接受器　痛（無適應）

種類

本體感覺

動力感覺

定義　肌肉、肌腱、及關節之活動以及平衡

接受器位置

肌梭　長度

高爾基肌腱器　張力

關節運動
接受器

平衡覺
接受器

聽斑　水平、直線加速

壺腹嵴　旋轉

路徑

薄束、楔狀束　後柱路徑

延腦交叉至對側　大腦皮層

中央後回

頂葉　體感覺區

08

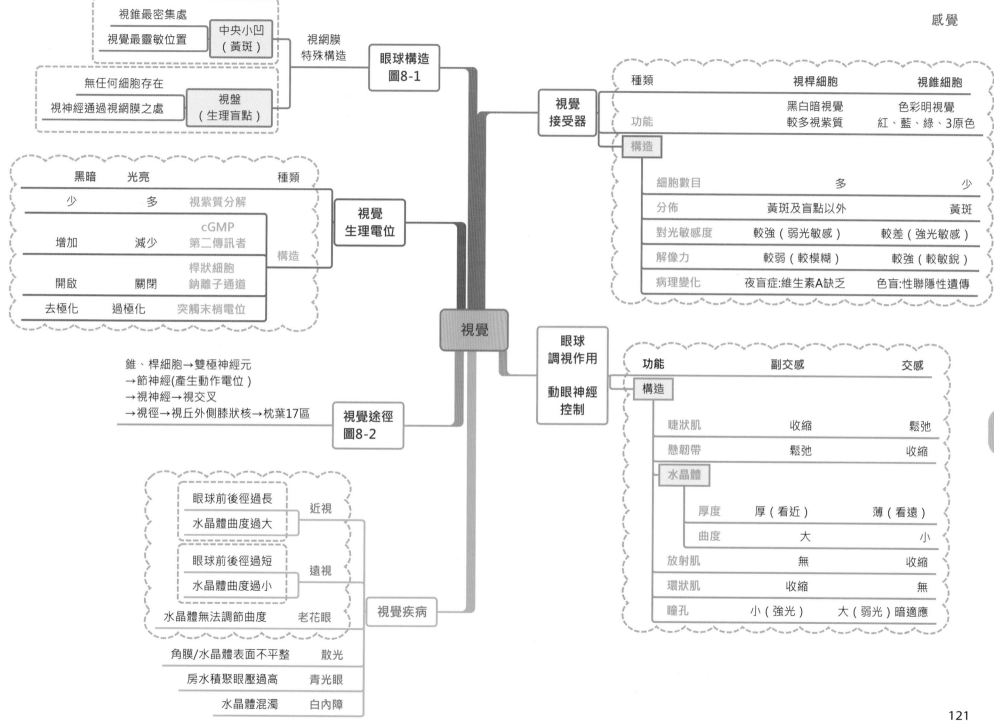

視覺

眼球構造 圖8-1

視網膜特殊構造

中央小凹（黃斑）
- 視錐最密集處
- 視覺最靈敏位置

視盤（生理盲點）
- 無任何細胞存在
- 視神經通過視網膜之處

視覺接受器

種類	視桿細胞	視錐細胞
功能	黑白暗視覺 較多視紫質	色彩明視覺 紅、藍、綠、3原色

構造

	視桿細胞	視錐細胞
細胞數目	多	少
分佈	黃斑及盲點以外	黃斑
對光敏感度	較強（弱光敏感）	較差（強光敏感）
解像力	較弱（較模糊）	較強（較敏銳）
病理變化	夜盲症:維生素A缺乏	色盲:性聯隱性遺傳

視覺生理電位

種類	黑暗	光亮
視紫質分解	少	多
cGMP 第二傳訊者	增加	減少
桿狀細胞 鈉離子通道	開啟	關閉
突觸末梢電位	去極化	過極化

視覺途徑 圖8-2

錐、桿細胞→雙極神經元
→節神經(產生動作電位）
→視神經→視交叉
→視徑→視丘外側膝狀核→枕葉17區

眼球調視作用 動眼神經控制

功能	副交感	交感
構造		
睫狀肌	收縮	鬆弛
懸韌帶	鬆弛	收縮
水晶體 厚度	厚（看近）	薄（看遠）
水晶體 曲度	大	小
放射肌	無	收縮
環狀肌	收縮	無
瞳孔	小（強光）	大（弱光）暗適應

視覺疾病

眼球前後徑過長 水晶體曲度過大	近視
眼球前後徑過短 水晶體曲度過小	遠視
水晶體無法調節曲度	老花眼
角膜/水晶體表面不平整	散光
房水積聚眼壓過高	青光眼
水晶體混濁	白內障

08

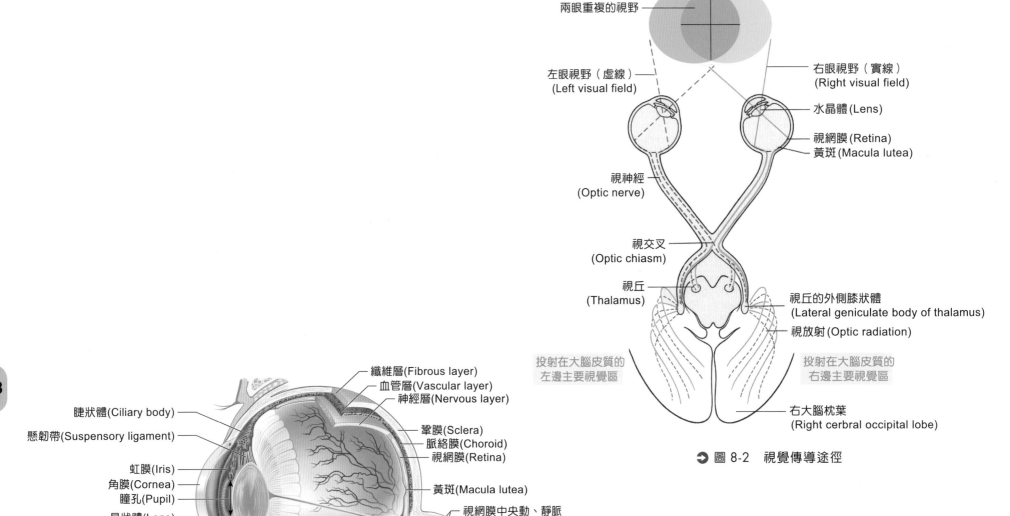

兩眼重複的視野

左眼視野（虛線）
(Left visual field)

右眼視野（實線）
(Right visual field)

水晶體 (Lens)

視網膜 (Retina)
黃斑 (Macula lutea)

視神經
(Optic nerve)

視交叉
(Optic chiasm)

視丘
(Thalamus)

視丘的外側膝狀體
(Lateral geniculate body of thalamus)

視放射 (Optic radiation)

投射在大腦皮質的
左邊主要視覺區

投射在大腦皮質的
右邊主要視覺區

右大腦枕葉
(Right cerbral occipital lobe)

➔ 圖 8-2　視覺傳導途徑

纖維層(Fibrous layer)
血管層(Vascular layer)
神經層(Nervous layer)

睫狀體(Ciliary body)

懸韌帶(Suspensory ligament)

鞏膜(Sclera)
脈絡膜(Choroid)
視網膜(Retina)

虹膜(Iris)
角膜(Cornea)
瞳孔(Pupil)
晶狀體(Lens)

黃斑(Macula lutea)

視網膜中央動、靜脈
(Central retinal a. & v.)

前腔
前房
(Anterior chamber)
後房
(Posterior chamber)

視神經(Optic nerve)

許萊姆氏管
(Canal of Schlemm)

視神經盤／盲點
(Optic disc / Blind spot)

玻璃體(Vitreous body)

➔ 圖 8-1　眼球構造

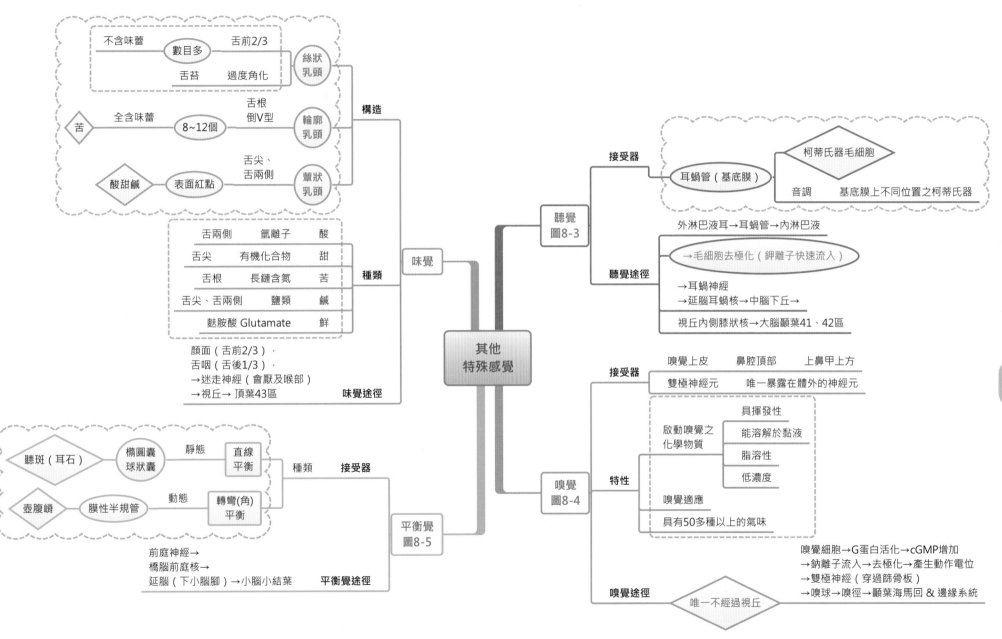

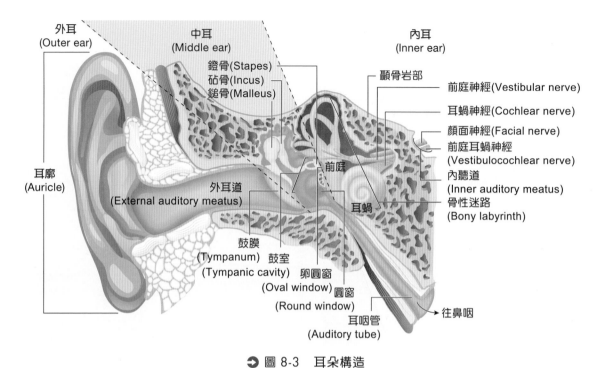

外耳
(Outer ear)

中耳
(Middle ear)

內耳
(Inner ear)

鐙骨(Stapes)
砧骨(Incus)
鎚骨(Malleus)

顳骨岩部

前庭神經(Vestibular nerve)

耳蝸神經(Cochlear nerve)

顏面神經(Facial nerve)

前庭耳蝸神經
(Vestibulocochlear nerve)

耳廓
(Auricle)

前庭

內聽道
(Inner auditory meatus)

外耳道
(External auditory meatus)

耳蝸

骨性迷路
(Bony labyrinth)

鼓膜
(Tympanum)
鼓室
(Tympanic cavity)

卵圓窗
(Oval window)
圓窗
(Round window)

往鼻咽

耳咽管
(Auditory tube)

➜ 圖 8-3　耳朵構造

嗅球(Olfactory bulb)

篩板(Cribriform plate)

軸突(Axon)

嗅神經
(Olfactory nerve)

基底細胞(Basal cell)

支持細胞(Supporting cell)

嗅覺神經元
(Olfactory sensory neuron)

嗅覺上皮
(Olfactory epithelium)

樹突(Dendrite)

纖毛(Cilia)

黏液(Mucus)

氣味

➜ 圖 8-4　嗅覺接受器

08

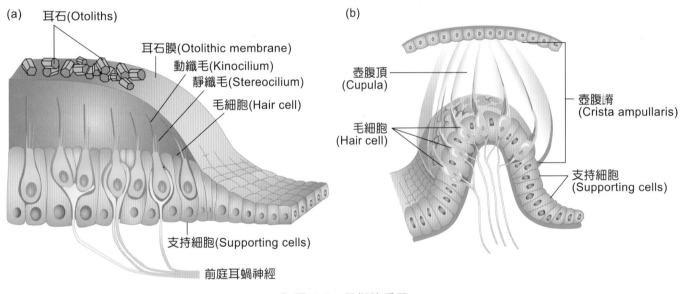

➜ 圖 8-5　平衡接受器

課後複習

1. 當兩耳聽力相當且正常的情況下，若以耳塞塞住右耳，再將震動的音叉柄放在顱頂中央，下列敘述何者正確？(A) 藉由骨傳導，右耳感覺的音量較大　(B) 藉由空氣傳導，右耳感覺的音量較大　(C) 藉由骨傳導，左耳感覺的音量較大　(D) 藉由空氣傳導，左耳感覺的音量較大。

2. 關於視覺路徑，物體影像經水晶體投射至視網膜時，其影像與原物體方位相比較，下列敘述何者正確？(A) 影像方位與原物體相同　(B) 影像呈現上下顛倒且左右相反　(C) 影像呈現上下顛倒，但左右與原物體相同　(D) 影像呈現左右相反，但上下與原物體相同。

3. 下列有關味覺與其訊號傳遞機制的配對，何者正確？(A) 苦味：氫離子　(B) 鹹味：氫離子　(C) 酸味：鈉離子　(D) 鮮味：G 蛋白。

4. 當近距離視物時，下列何種變化會導致水晶體呈現橢圓以利聚焦？(A) 睫狀肌 (ciliary muscle) 與懸韌帶 (suspensory ligament) 收縮　(B) 睫狀肌與懸韌帶放鬆　(C) 睫狀肌收縮，懸韌帶放鬆　(D) 睫狀肌放鬆，懸韌帶收縮。

5. 眼睛的水樣液 (aquemous humor) 是由何構造分泌？(A) 角膜 (cornea)　(B) 睫狀突 (ciliary processes)　(C) 晶狀體 (lens)　(D) 視網膜 (retina)。

6. 在光線充足的客廳使用手機觀賞影片時的視覺生理變化，下列敘述何者錯誤？(A) 水晶體曲率增加　(B) 雙眼發生聚合現象　(C) 睫狀肌與懸韌帶均維持收縮狀態　(D) 副交感神經刺激虹膜的環狀肌收縮。

7. 嗅覺細胞受刺激引發動作電位形成的過程，下列敘述何者錯誤？(A) 氣味分子與受器蛋白結合後活化 G 蛋白　(B) G 蛋白活化腺苷酸環化酶 (adenylylcyclase)　(C) 細胞外鉀離子流入細胞內誘發動作電位產生　(D) 環腺苷酸門控離子通道 (cAMP-gated channel) 打開。

8. 舌頭表面的何種乳頭會角質化，嚴重時會出現舌苔的現象？(A) 絲狀乳頭　(B) 蕈狀乳頭　(C) 輪廓狀乳頭　(D) 葉狀乳頭。

9. 正常情況下，眼球在照光後的瞳孔反應是哪一種構造收縮所導致？(A) 睫狀肌 (ciliary muscle)　(B) 放射肌 (radial muscle)　(C) 懸韌帶 (suspensory ligament)　(D) 環狀肌 (circular muscle)。

10. 舌頭表面的哪一種乳頭分布廣泛，且具有味蕾？(A) 絲狀乳頭　(B) 蕈狀乳頭　(C) 輪廓狀乳頭　(D) 葉狀乳頭。

11. 負責調節眼球晶狀體曲度的神經是：(A) 視神經　(B) 眼神經　(C) 動眼神經　(D) 滑車神經。

12. 下列何者為視網膜中，視覺主要傳導路徑的正確順序？(A) 神經節細胞→雙極細胞→桿細胞與錐細胞　(B) 雙極細胞→神經節細胞→桿細胞與錐細胞　(C) 桿細胞與錐細胞→神經節細胞→雙極細胞　(D) 桿細胞與錐細胞→雙極細胞→神經節細胞。

13. 下列身體部位中，何者的兩點觸覺辨識閾值 (two-point touch threshold test) 最小？(A) 小腿　(B) 足底　(C) 食指尖　(D) 上臂。

14. 光線刺激視網膜之桿細胞會造成桿細胞呈現何種狀態之變化？(A) 再極化 (repolarization) 狀態　(B) 去極化 (depolarization) 狀態　(C) 過極化 (hyperpolarization) 狀態　(D) 靜止膜電位 (resting membrane potential) 狀態。

15. 耳咽管連通下列哪兩個部位，以平衡鼓膜內外氣壓？(A) 鼻咽、內耳　(B) 鼻咽、中耳　(C) 口咽、內耳　(D) 口咽、中耳。

解 答

| 1.A | 2.B | 3.D | 4.C | 5.B | 6.C | 7.C | 8.A | 9.D | 10.B |
| 11.C | 12.D | 13.C | 14.C | 15.B | | | | | |

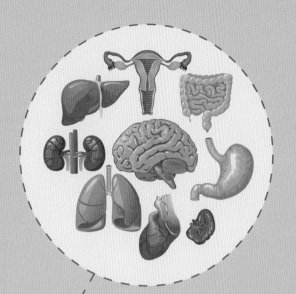

CHAPTER 09

循環與淋巴系統
Circulatory and Lymphatic System

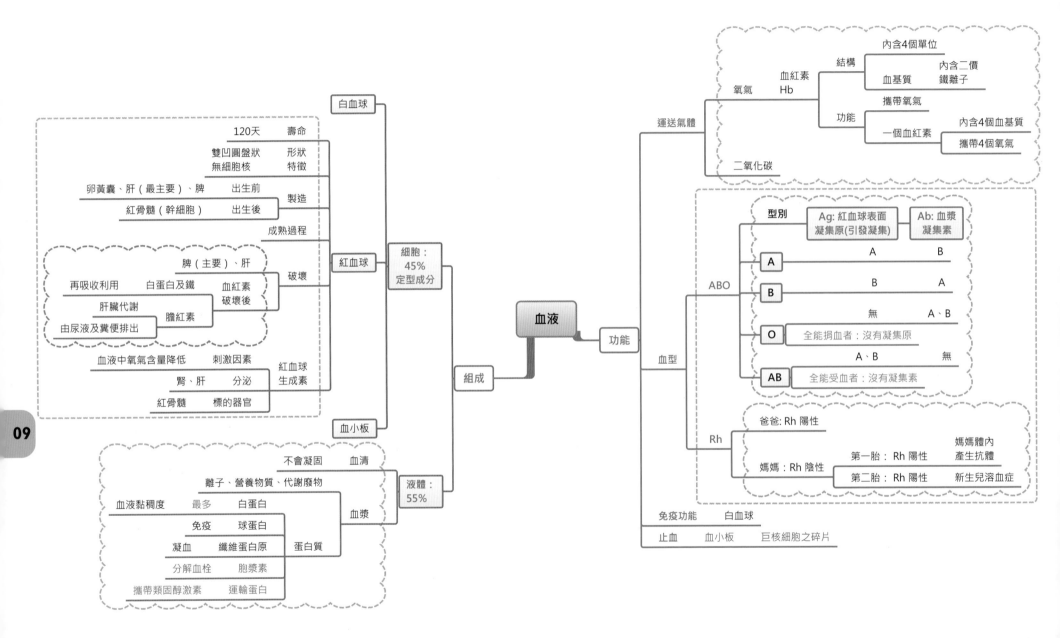

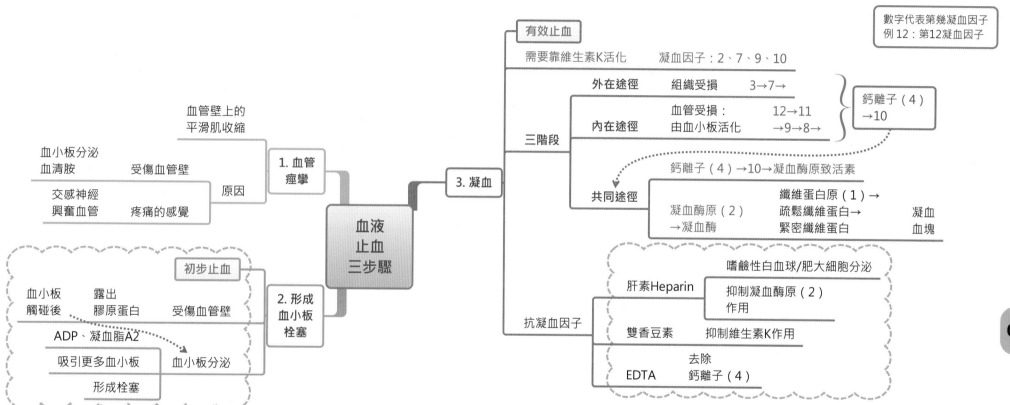

數字代表第幾凝血因子
例12：第12凝血因子

有效止血

需要靠維生素K活化　　凝血因子：2、7、9、10

三階段

外在途徑　　組織受損　　3→7→

內在途徑　　血管受損：　　12→11
　　　　　　由血小板活化　　→9→8→

鈣離子（4）
→10

鈣離子（4）→10→凝血酶原致活素

共同途徑

凝血酶原（2）　　纖維蛋白原（1）→
→凝血酶　　疏鬆纖維蛋白→
　　　　　　緊密纖維蛋白

凝血
血塊

3. 凝血

抗凝血因子

嗜鹼性白血球/肥大細胞分泌

肝素Heparin　　抑制凝血酶原（2）
　　　　　　　　作用

雙香豆素　　抑制維生素K作用

EDTA　　去除
　　　　　鈣離子（4）

血管壁上的
平滑肌收縮

血小板分泌
血清胺　　受傷血管壁

交感神經
興奮血管　　疼痛的感覺

1. 血管
痙攣

原因

血液
止血
三步驟

初步止血

2. 形成
血小板
栓塞

血小板　　露出
觸碰後　　膠原蛋白　　受傷血管壁

ADP、凝血脂A2

吸引更多血小板　　血小板分泌

形成栓塞

09

129

血球比較

白血球

- **數量**
  - 一萬以下
  - 5000-9000個/立方毫米
- **大小** 最大 7-19微米 不等
- **壽命** 數小時-數天
- **種類**
  - **顆粒性**
    - 嗜中性白血球：急性發炎、吞噬作用、最多
    - 嗜酸性白血球：可解除過敏作用
    - 嗜鹼性白血球：釋放肝素、組織胺
  - **無顆粒性**
    - 淋巴球：IgG 抗原抗體作用
    - 單核球：巨噬細胞 可變成、吞噬作用 功能、最大
- **免疫作用**

紅血球

- **數量**
  - 百萬等級
  - 男　540萬個/立方毫米
  - 女　480萬個/立方毫米
- **大小** 7.5微米
- **壽命** 120天
- **功能** 運送氣體

血小板

- **數量**
  - 十幾萬等級
  - 25-40萬個/立方毫米
- **大小** 2-4微米　最小
- **壽命** 2-4天
- **功能** 血液凝固

09

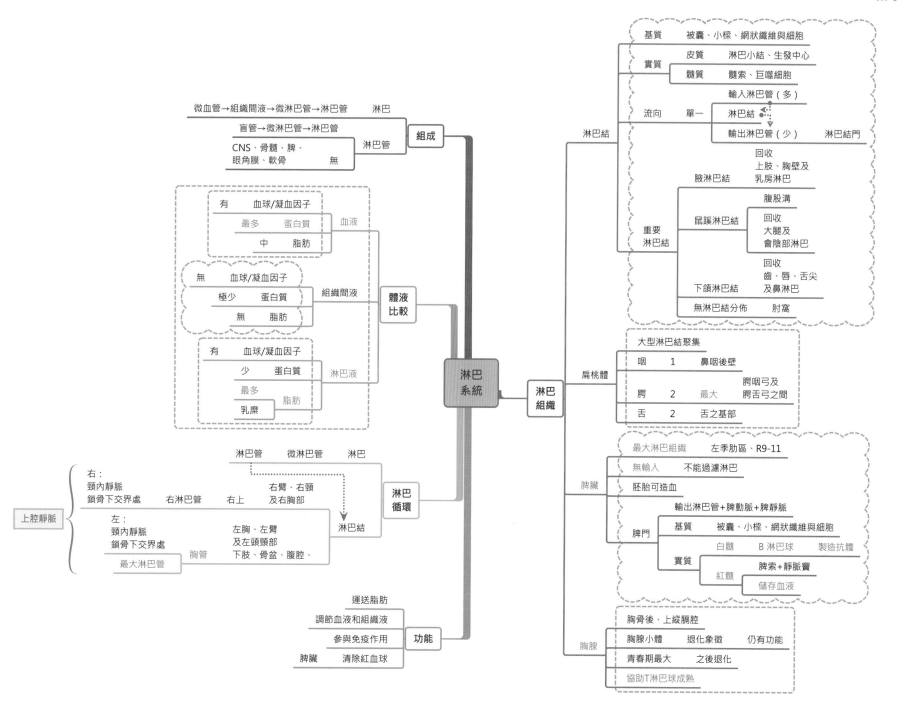

微血管→組織間液→微淋巴管→淋巴管　淋巴

盲管→微淋巴管→淋巴管

CNS、骨髓、脾、
眼角膜、軟骨　　無　　淋巴管

組成

基質　　被囊、小樑、網狀纖維與細胞

實質　　皮質　　淋巴小結、生發中心
　　　　髓質　　髓索、巨噬細胞

流向　　單一　　輸入淋巴管（多）
　　　　　　　　淋巴結
　　　　　　　　輸出淋巴管（少）　淋巴結門

淋巴結

腋淋巴結　　回收
　　　　　　上肢、胸壁及
　　　　　　乳房淋巴

重要
淋巴結

鼠蹊淋巴結　　腹股溝
　　　　　　　回收
　　　　　　　大腿及
　　　　　　　會陰部淋巴

下頜淋巴結　　回收
　　　　　　　齒、唇、舌尖
　　　　　　　及鼻淋巴

無淋巴結分佈　　肘窩

有　　血球/凝血因子
最多　　蛋白質　　血液
中　　脂肪

無　　血球/凝血因子
極少　　蛋白質　　組織間液
無　　脂肪

有　　血球/凝血因子
少　　蛋白質　　淋巴液
最多
乳糜　　脂肪

體液
比較

大型淋巴結聚集

咽　　1　　鼻咽後壁

腭　　2　　最大　　腭咽弓及
　　　　　　　　　腭舌弓之間

舌　　2　　舌之基部

扁桃體

淋巴
組織

淋巴
系統

最大淋巴組織　　左季肋區、R9-11

無輸入　　不能過濾淋巴

胚胎可造血

脾門　　輸出淋巴管+脾動脈+脾靜脈
　　　　基質　　被囊、小樑、網狀纖維與細胞
　　　　　　　白髓　　B 淋巴球　　製造抗體
　　　　實質
　　　　　　　紅髓　　脾索+靜脈竇
　　　　　　　　　　　儲存血液

脾臟

淋巴管　　微淋巴管　　淋巴

右：
頸內靜脈
鎖骨下交界處　　右淋巴管　　右上　　右臂、右頸
　　　　　　　　　　　　　　　　　及右胸部

左：
頸內靜脈
鎖骨下交界處　　　　　左胸、左臂
　　　　　　　　　　　及左頭頸部
胸管　　下肢、骨盆、腹腔、
最大淋巴管

淋巴結

淋巴
循環

上腔靜脈

運送脂肪

調節血液和組織液

參與免疫作用

脾臟　　清除紅血球

功能

胸骨後、上縱膈腔

胸腺小體　　退化象徵　　仍有功能

青春期最大　　之後退化

協助T淋巴球成熟

胸腺

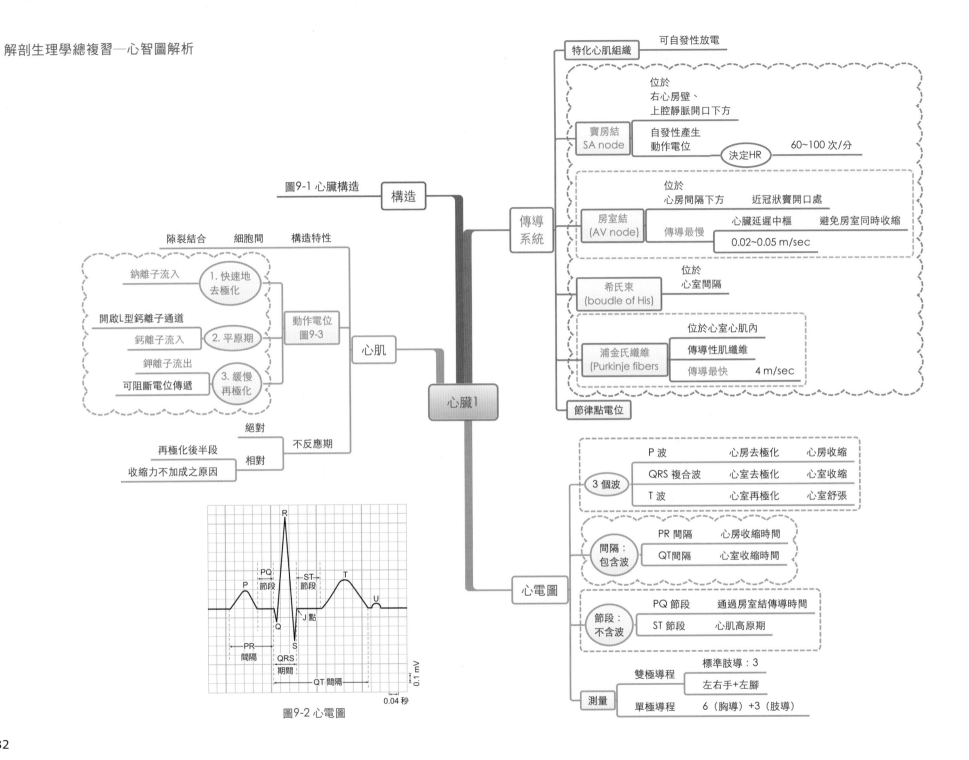

特化心肌組織 —— 可自發性放電

傳導系統

寶房結 SA node
- 位於 右心房壁、上腔靜脈開口下方
- 自發性產生 動作電位 —— 決定HR —— 60~100 次/分

房室結 (AV node)
- 位於 心房間隔下方 近冠狀寶開口處
- 傳導最慢 —— 心臟延遲中樞 避免房室同時收縮
- 0.02~0.05 m/sec

希氏束 (boudle of His)
- 位於 心室間隔

浦金氏纖維 (Purkinje fibers
- 位於心室心肌內
- 傳導性肌纖維
- 傳導最快 4 m/sec

節律點電位

構造 —— 圖9-1 心臟構造

心肌

動作電位 圖9-3
- 鈉離子流入 —— 1. 快速地去極化
- 開啟L型鈣離子通道 鈣離子流入 —— 2. 平原期
- 鉀離子流出 可阻斷電位傳遞 —— 3. 緩慢再極化

隙裂結合　細胞間　構造特性

不反應期
- 絕對
- 相對 —— 再極化後半段　收縮力不加成之原因

心臟1

心電圖

3 個波
P 波	心房去極化	心房收縮
QRS 複合波	心室去極化	心室收縮
T 波	心室再極化	心室舒張

間隔：包含波
| PR 間隔 | 心房收縮時間 |
| QT間隔 | 心室收縮時間 |

節段：不含波
| PQ 節段 | 通過房室結傳導時間 |
| ST 節段 | 心肌高原期 |

測量
- 雙極導程 —— 標準肢導：3 —— 左右手+左腳
- 單極導程 —— 6（胸導）+3（肢導）

圖9-2 心電圖

09

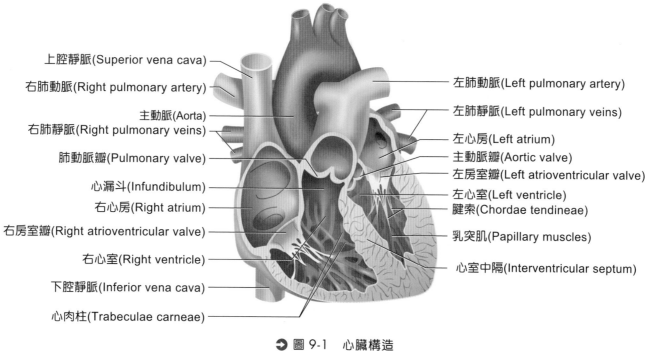

上腔靜脈(Superior vena cava)
右肺動脈(Right pulmonary artery)
主動脈(Aorta)
右肺靜脈(Right pulmonary veins)
肺動脈瓣(Pulmonary valve)
心漏斗(Infundibulum)
右心房(Right atrium)
右房室瓣(Right atrioventricular valve)
右心室(Right ventricle)
下腔靜脈(Inferior vena cava)
心肉柱(Trabeculae carneae)

左肺動脈(Left pulmonary artery)
左肺靜脈(Left pulmonary veins)
左心房(Left atrium)
主動脈瓣(Aortic valve)
左房室瓣(Left atrioventricular valve)
左心室(Left ventricle)
腱索(Chordae tendineae)
乳突肌(Papillary muscles)
心室中隔(Interventricular septum)

➔ 圖 9-1　心臟構造

09

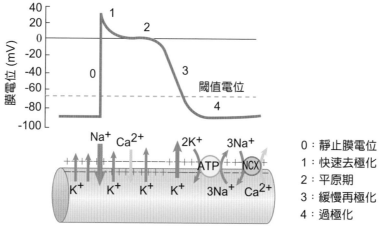

0：靜止膜電位
1：快速去極化
2：平原期
3：緩慢再極化
4：過極化

➔ 圖 9-3　心肌動作電位

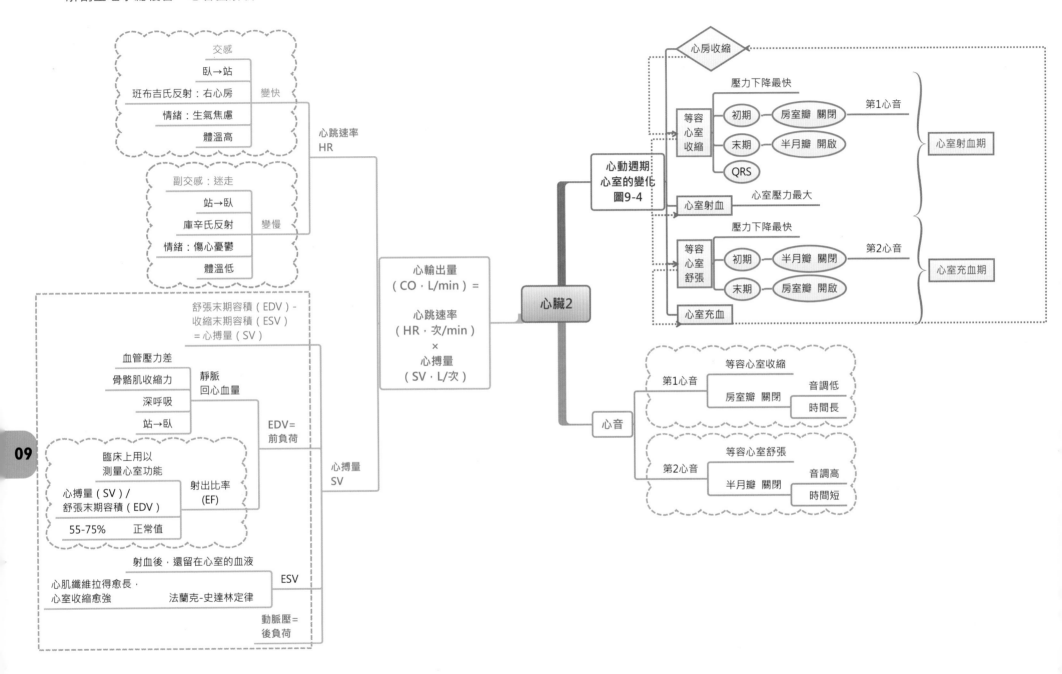

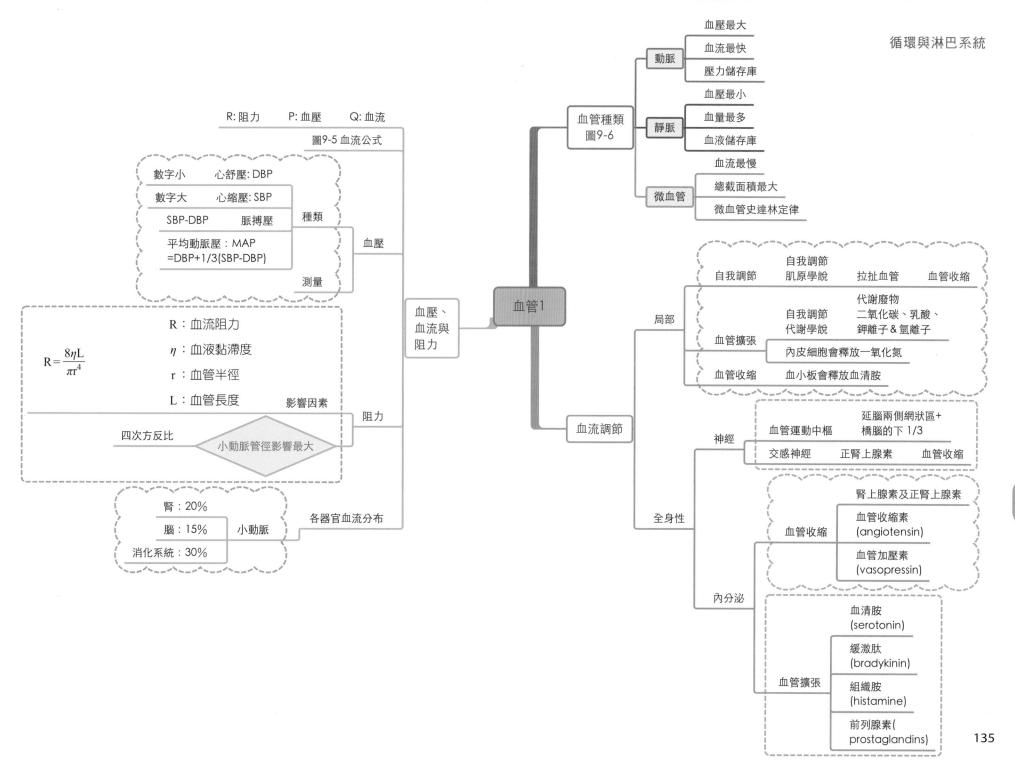

R: 阻力　　P: 血壓　　Q: 血流

圖9-5 血流公式

數字小　　心舒壓: DBP

數字大　　心縮壓: SBP

SBP-DBP　　脈搏壓

平均動脈壓：MAP
=DBP+1/3(SBP-DBP)

種類

測量

血壓

$$R = \frac{8\eta L}{\pi r^4}$$

R：血流阻力

η：血液黏滯度

r：血管半徑

L：血管長度

影響因素

四次方反比

小動脈管徑影響最大

阻力

腎：20%

腦：15%

消化系統：30%

小動脈

各器官血流分布

血壓、
血流與
阻力

血管1

血管種類
圖9-6

動脈
　血壓最大
　血流最快
　壓力儲存庫

靜脈
　血壓最小
　血量最多
　血液儲存庫

微血管
　血流最慢
　總截面積最大
　微血管史達林定律

血流調節

局部

自我調節
　自我調節
　肌原學說　　拉扯血管　　血管收縮

血管擴張
　自我調節
　代謝學說　　代謝廢物
　　　　　　二氧化碳、乳酸、
　　　　　　鉀離子 & 氫離子

內皮細胞會釋放一氧化氮

血管收縮　血小板會釋放血清胺

神經

血管運動中樞
　延腦兩側網狀區+
　橋腦的下 1/3

交感神經　　正腎上腺素　　血管收縮

全身性

內分泌

血管收縮
　腎上腺素及正腎上腺素
　血管收縮素
　(angiotensin)
　血管加壓素
　(vasopressin)

血管擴張
　血清胺
　(serotonin)
　緩激肽
　(bradykinin)
　組織胺
　(histamine)
　前列腺素(
　prostaglandins)

09

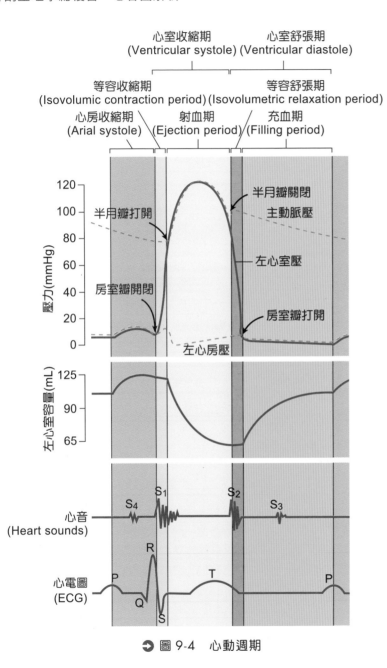

圖 9-4　心動週期

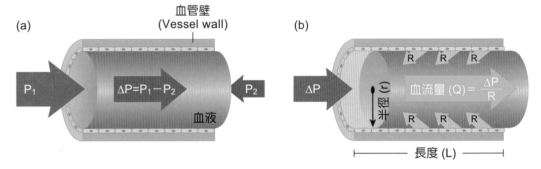

圖 9-5　血流公式

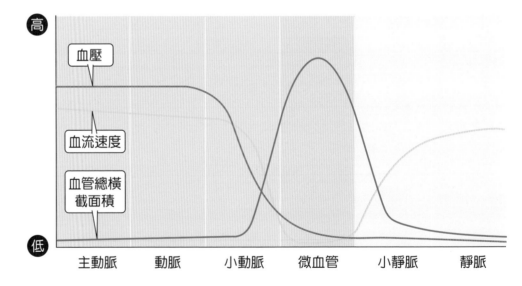

圖 9-6　各血管血壓、血流與總橫截面積之比較

09

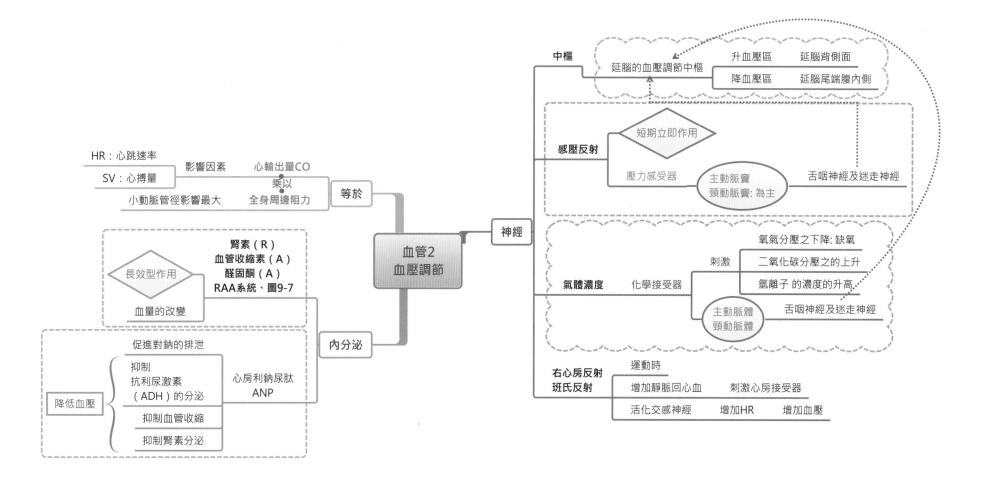

HR：心跳速率
SV：心搏量
影響因素　　　心輸出量CO
乘以
小動脈管徑影響最大　　全身周邊阻力
等於

腎素（R）
血管收縮素（A）
醛固酮（A）
RAA系統、圖9-7
長效型作用
血量的改變

促進對鈉的排泄
抑制
抗利尿激素
（ADH）的分泌
心房利鈉尿肽
ANP
降低血壓
抑制血管收縮
抑制腎素分泌

內分泌

血管2
血壓調節

神經

中樞　　延腦的血壓調節中樞　　升血壓區　延腦背側面
降血壓區　延腦尾端腹內側

感壓反射　　短期立即作用
壓力感受器　　主動脈竇
頸動脈竇:為主　　舌咽神經及迷走神經

氣體濃度　　化學接受器　　刺激
氧氣分壓之下降: 缺氧
二氧化碳分壓之的上升
氫離子 的濃度的升高
主動脈體
頸動脈體　　舌咽神經及迷走神經

右心房反射
班氏反射　　運動時
增加靜脈回心血　　刺激心房接受器
活化交感神經　　增加HR　　增加血壓

09

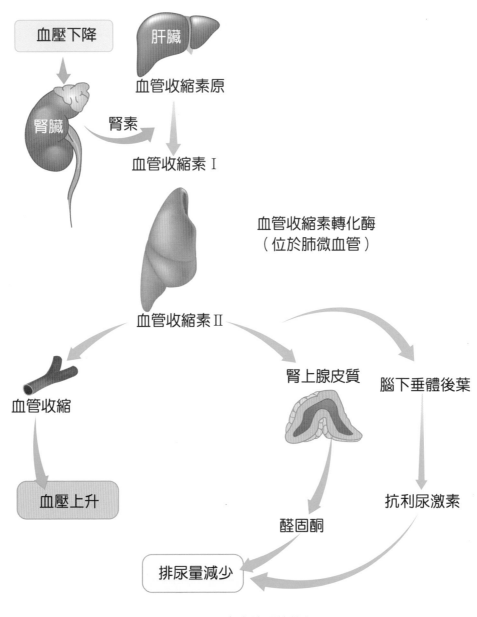

➔ 圖 9-7　全身血流調節機制

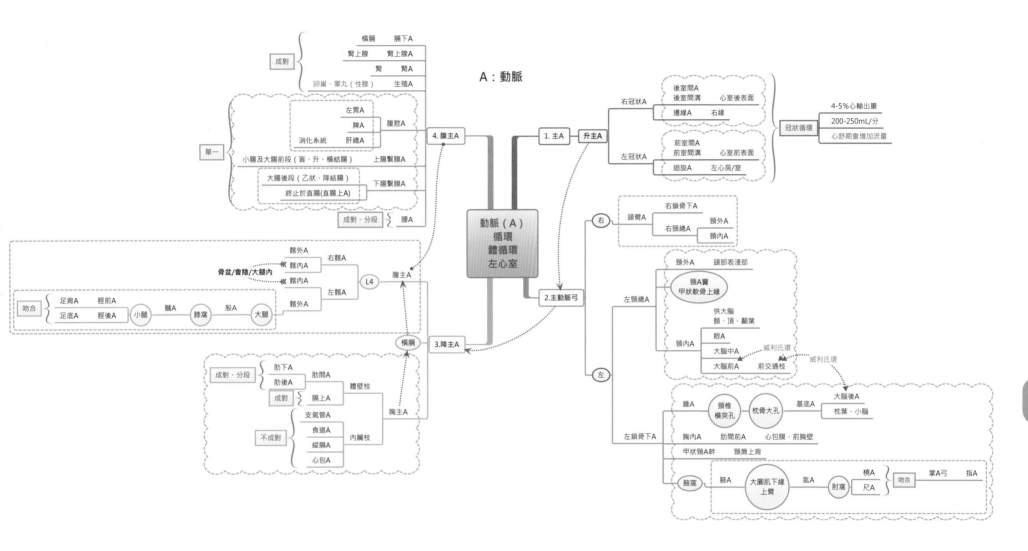

A：動脈

成對
　橫膈　　膈下A
　腎上腺　腎上腺A
　腎　　　腎A
　卵巢、睪丸（性腺）　生殖A

單一
　左胃A
　　脾A　　腹腔A
　消化系統　肝總A
　小腸及大腸前段（盲、升、橫結腸）　上腸繫膜A
　大腸後段（乙狀、降結腸）　下腸繫膜A
　終止於直腸（直腸上A）

成對、分段　腰A

4.腹主A

1.主A　升主A

右冠狀A
　後室間A
　後室間溝　心室後面
　邊緣A　右緣

左冠狀A
　前室間A
　前室間溝　心室前面
　迴旋A　左心房/室

冠狀循環
　4-5%心輸出量
　200-250mL/分
　心舒期會增加流量

動脈（A）
循環
體循環
左心室

右
　頭臂A
　右鎖骨下A
　右頸總A　頸外A
　　　　　頸內A

左
　左頸總A
　　頸外A　頭部表淺部
　　頸A竇　甲狀軟骨上緣
　　頸內A
　　　供大腦　額、頂、顳葉
　　　眼A
　　　大腦中A　威利氏環
　　　大腦前A　前交通枝　威利氏環

2.主動脈弓

左鎖骨下A
　錐A　頸椎橫突孔　枕骨大孔　基底A　大腦後A
　　　　　　　　　　　　　　　　　枕葉、小腦
　胸內A　肋間前A　心包膜、前胸壁
　甲狀頸A幹　頸肩上臂
　腋窩　腋A　大圓肌下緣　肱A　肘窩　橈A　掌A弓　指A
　　　　　　上臂　　　　　　　　尺A　吻合

髂外A　右髂A
骨盆/會陰/大腿內　髂內A
　　　　　　　　　髂內A　左髂A
　　　　　　　　　髂外A

L4　腹主A

吻合
　足背　脛前A
　足底A　脛後A
　小腿　膕A　膝窩　股A　大腿

橫膈　3.降主A

成對、分段
　肋下A
　肋後A　肋間A
　成對　膈上A　體壁枝

不成對
　支氣管A
　食道A
　縱膈A　內臟枝
　心包A

胸主A

V：靜脈

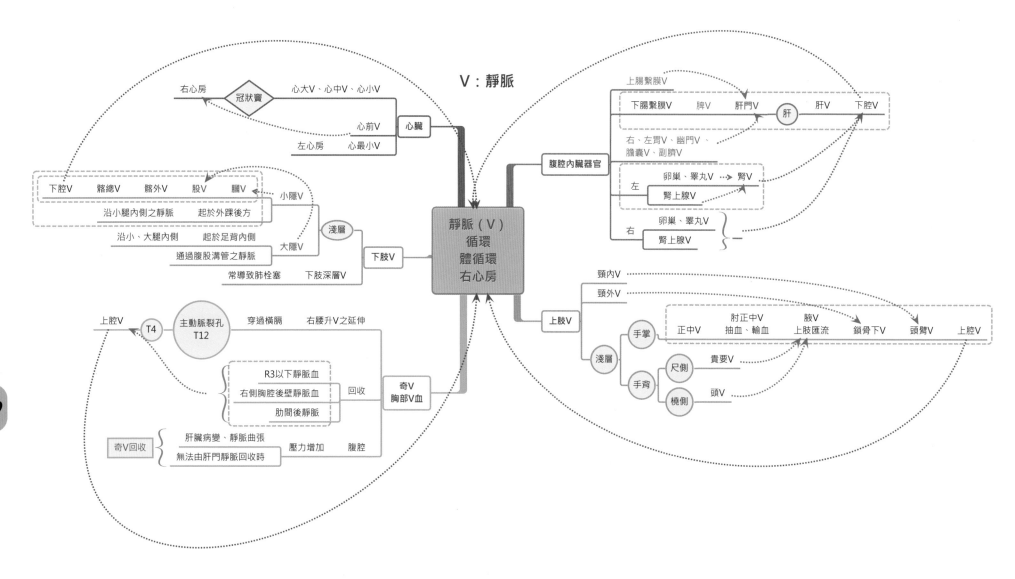

課後複習

1. 下列哪一構造直接連接在心臟瓣膜的尖端？(A) 乳頭肌 (papillary muscle)　(B) 腱索 (chordae tendineae)　(C) 心肉柱 (trabeculae carneae)　(D) 房室口 (atrioventricular orifice)。

2. 有關心室肌細胞 (ventricular cardiomyocyte) 動作電位特徵的敘述，下列何者錯誤？(A) 高原期 (plateau) 與鈣離子通道打開有關　(B) 鈉離子從電位控制通道流出形成去極化　(C) 鈣離子通道關閉及鉀離子通道打開形成再極化　(D) 靜止膜電位 (resting membrane potential) 接近鉀離子平衡電位。

3. 有關心臟節律點 (pacemaker) 的敘述，下列何者正確？(A) 節律點電位約為 90 毫伏特 (mV)　(B) 為傳導系統中傳導速度最快的構造　(C) 鈣離子參與膜電位的去極化　(D) 不受副交感神經末梢控制。

4. 關於心臟腔室的敘述，下列何者錯誤？(A) 梳狀肌位於心房內壁　(B) 卵圓窩位於心房間隔上　(C) 房室瓣上面有腱索附著，並連接到心房　(D) 心臟表面的冠狀溝，位於心房與心室的界線上。

5. 心尖的位置約在左鎖骨中線與第幾肋間的交會處？(A) 第 3 肋間　(B) 第 5 肋間　(C) 第 7 肋間　(D) 第 9 肋間。

6. 當血壓升高時，頸動脈竇內的壓力接受器因應壓力變化而引發之神經衝動，會傳至何處來調節血壓的平衡？(A) 大腦　(B) 中腦　(C) 橋腦　(D) 延腦。

7. 一位飲食均衡的女性卻發生缺鐵性貧血，下列何者是最可能的原因？(A) 紅血球生成素 (erythropoietin) 分泌不足　(B) 經血 (menstrual bleeding) 量過多　(C) 內在因子 (intrinsic factor) 分泌不足　(D) 紅血球被瘧原蟲 (Plasmodium) 破壞過多。

8. 下列關於紅血球 (erythrocyte; RBC) 的敘述，何者正確？(A) 呈雙凹圓盤狀，直徑大約 7~8 奈米 (nm)　(B) 人類的紅血球發育成熟後具有多葉狀的細胞核　(C) 血紅素含有鐵原子，可與氧氣或二氧化碳結合　(D) O+ 型血液，係指紅血球表面同時有 O 型與 Rh 型的抗原。

9. 有關紅血球生成素 (erythropoietin) 的分泌與作用，下列哪些敘述正確？(1) 缺氧時會分泌減少 (2) 主要在腎臟合成分泌 (3) 可促進紅血球之生成 (4) 主要標的器官為紅骨髓。(A) 123　(B) 134　(C) 234　(D) 124。

10. 血球的生命週期，下列何者最長？(A) 紅血球　(B) 血小板　(C) 嗜中性球　(D) 嗜鹼性球。

11. 上頜動脈 (maxillary artery) 是下列哪一條動脈的直接分支？(A) 顏面動脈 (facial artery)　(B) 頸內動脈 (internal carotid artery)　(C) 頸外動脈 (external carotid artery)　(D) 淺顳動脈 (superficial temporal artery)。

12. 引起微血管膠體滲透壓 (colloid osmotic pressure) 下降的原因，下列何者錯誤？(A) 黏液性水腫　(B) 嚴重肝硬化　(C) 腎病症候群　(D) 蛋白質嚴重攝取不足。

13. 下列何者可能是造成動脈血壓上升的原因？(A) 抗利尿激素 (antidiuretic hormone, ADH) 釋放減少　(B) 周邊血管總阻力 (total peripheral resistance) 增加　(C) 服用血管張力素轉化酶抑制劑 (ACE inhibitor)　(D) 頸動脈竇 (carotid sinus) 持續放電使舌咽神經活性增加。

14. 下列何者同時供應小腸與大腸？(A) 肝總動脈　(B) 左胃動脈　(C) 上腸繫膜動脈　(D) 下腸繫膜動脈。

15. 有關淋巴循環的生理功能敘述，下列何者錯誤？(A) 主要回收組織液中的鉀離子　(B) 運輸脂肪　(C) 調節血漿和組織液之間的液體平衡　(D) 清除組織中紅血球跟細菌。

09

16. 下列何者代表心室射血期結束後，還留在心室內的血液量？(A) 心搏量 (stroke volume) (B) 心輸出量 (cardiac output) (C) 心舒末期容積 (end-diastolic volume) (D) 心縮末期容積 (end-systolic volume)。

17. 一位健康的成年人捐血 500 ml，經身體反射性代償，數分鐘後與捐血前相比何者最可能增加？(A) 心跳速率與平均動脈壓 (B) 心搏量與周邊血管總阻力 (C) 心跳速率與周邊血管總阻力 (D) 心輸出量到腎臟血流量的百分比。

18. 房室結 (atrioventricular node) 位於心臟的何處？(A) 心室中隔 (interventricular septum) (B) 心房中隔 (interatrial septum) (C) 右房室瓣 (right atrioventricular valve) (D) 左房室瓣 (left atrioventricular valve)。

19. 第一心音發生在下列何時？(A) 心房收縮時 (B) 早期心室舒張時 (C) 主動脈瓣關閉時 (D) 房室瓣關閉時。

20. 心肌不會發生收縮力加成作用 (summation) 的原因，主要是下列何者？(A) 心肌沒有橫小管 (transverse tubule) (B) 心肌的不反應期時間幾乎與其收縮時間重疊 (C) 心肌的動作電位不會加成 (D) 心肌肌漿網 (sarcoplasmic reticulum) 不發達。

21. 缺血性心肌梗塞後，死亡的心肌細胞是由何種組織取代？(A) 結締組織 (B) 心肌細胞 (C) 微血管 (D) 巨噬細胞。

22. 在心肌動作電位中，高原期的維持是因心肌細胞有：(A) 快速鈉通道 (B) L 型鈣通道 (C) 鈉鉀 ATPase (D) T 型鈣通道。

23. 下列有關血漿蛋白質 (plasma proteins) 功能之敘述，何者錯誤？(A) 輸送二氧化碳 (B) 攜帶類固醇激素 (C) 參與血液凝固作用 (D) 構成血液膠體滲透壓。

24. 下列哪一條血管伴行著心大靜脈 (great cardiac vein)？(A) 邊緣動脈 (marginal artery) (B) 右冠狀動脈 (right coronary artery) (C) 前室間動脈 (anterior interventricular artery) (D) 後室間動脈 (posterior interventricular artery)。

25. 下列哪一種變化可導致血管阻力增加最多？(A) 血管長度減半 (B) 血管半徑減半 (C) 血管半徑增加一倍 (D) 血管長度增加一倍。

26. 後肋間動脈 (posterior intercostal artery) 主要是下列哪一條血管的直接分枝？(A) 胸主動脈 (thoracic aorta) (B) 胸背動脈 (thoracodorsal artery) (C) 胸內動脈 (internal thoracic artery) (D) 胸外側動脈 (lateral thoracic artery)。

27. 頸部左側的頸總動脈直接源自下列何者？(A) 頭臂動脈幹 (B) 甲狀頸動脈幹 (C) 升主動脈 (D) 主動脈弓。

28. 下列何者的血液供應不源自腹腔動脈幹 (celiac trunk) 的分枝？(A) 胃 (B) 十二指腸 (C) 迴腸 (D) 胰臟。

29. 冠狀動脈直接源自：(A) 主動脈弓 (B) 胸主動脈 (C) 升主動脈 (D) 降主動脈。

30. 下列哪一條動脈的分枝會造成男性陰莖海綿體充血勃起？(A) 生殖腺動脈 (gonadal artery) (B) 閉孔動脈 (obturator artery) (C) 髂內動脈 (internal iliac artery) (D) 髂外動脈 (external iliac artery)。

31. 下列何者不是上肢的淺層靜脈？(A) 肱靜脈 (B) 頭靜脈 (C) 貴要靜脈 (D) 肘正中靜脈。

32. 心臟的房室結 (atrioventricular node) 位於下列何處？(A) 心室間隔 (interventricular septum) 上 (B) 心室壁及乳頭肌 (papillary muscle) 上 (C) 近上腔靜脈 (superior vena cava) 開口的心房壁上 (D) 心房間隔 (interatrial septum) 下方靠近冠狀竇 (coronary sinus) 開口處。

33. 依據法蘭克－史達林定律 (Frank-Starling law)，正常心跳時靜脈回流 (venous return) 量增加與下列何種變化最無關？(A) 後負荷 (afterload) 上升 (B) 心輸出 (cardiac output) 增加 (C) 心收縮力 (cardiac contractility) 增加 (D) 心舒末期容積 (end-diastolic volume) 上升。

34. 二尖瓣的功能在於防止血液逆流至：(A) 左心房　(B) 左心室　(C) 右心房　(D) 右心室。

35. 何種休克會使心臟的血液輸出量增加？(A) 出血性休克　(B) 過敏性休克　(C) 敗血性休克　(D) 神經性休克。

36. 下列有關心臟的敘述，何者正確？(A) 迷走神經纖維主要分布在心室且能降低心跳收縮強度　(B) 一般右心室血液輸出正常情況下，輸出血液量比左心室高　(C) 大量 K^+ 離子會使經由心房束傳至心室的心臟衝動被阻斷　(D) 過量的細胞外鈣離子會使心跳加快。

37. 胎兒心臟的卵圓孔，連通的是哪兩個腔室？(A) 左、右心房　(B) 左、右心室　(C) 左心房與左心室　(D) 右心房與右心室。

38. 下列何者與第一心音的產生有關？(A) 房室瓣關閉　(B) 動脈瓣關閉　(C) 血液流入心室　(D) 心房收縮。

39. 組織被感染時釋出趨化因子 (chemokines)，最先被影響的是下列哪種血球？(A) 紅血球 (erythrocyte)　(B) 嗜中性球 (neutrophil)　(C) T 淋巴球 (T-lymphocyte)　(D) B 淋巴球 (B-lymphocyte)。

40. 凝血因子活化過程中，下列何者沒有直接參與凝血酶 (thrombin) 的活化步驟？(A) Ca^{2+}　(B) V　(C) VIII　(D) Xa。

41. 下列血球何者最終成熟的位置不是在骨髓？(A) 紅血球　(B) T 淋巴球　(C) 嗜中性球　(D) 嗜鹼性球。

42. 下列有關胎兒循環 (fetal circulation) 的敘述，何者正確？(A) 主動脈弓 (aortic arch) 含有純的充氧血　(B) 左心房內三分之一的血液由卵圓孔進入右心房　(C) 大部分肺動脈幹的血液經由動脈導管 (ductus arteriosus) 直接進入主動脈　(D) 臍動脈 (umbilical arteries) 在胎兒出生後退化成動脈韌帶 (ligamentum arteriosum)。

43. 下列是血管局部調控因素，哪些會增加血管阻力？(1) 組織 pH 值下降 (2) 血液中 CO_2 增加 (3) 內皮細胞釋出內皮素 -1 (endothelin-1) (4) 血液中 O_2 增加。(A) 12　(B) 13　(C) 24　(D) 34。

44. 微血管的淨過濾壓 (net filtration pressure) 會因為下列哪些變化而增加？(1) 微血管靜水壓 (2) 組織間液靜水壓 (3) 血漿的膠體滲透壓 (4) 組織間液的膠體滲透壓。(A) 14 都增加　(B) 1 減少，4 不變　(C) 23 都增加　(D) 2 增加，4 不變。

45. 脾臟的血液主要來自下列何者的分枝？(A) 橫膈下動脈　(B) 腸繫膜上動脈　(C) 腸繫膜下動脈　(D) 腹腔動脈幹。

46. 若血壓維持不變，血管半徑變為原來的兩倍，此時流經此條血管的血流量將變為：(A) 2 倍　(B) 4 倍　(C) 8 倍　(D) 16 倍。

47. 下列何者的靜脈血，不經由肝門靜脈進入肝臟？(A) 胰臟　(B) 闌尾　(C) 頸段食道　(D) 直腸。

48. 下列器官的主要養分來源，何者不是來自頸外動脈？(A) 臉部肌群　(B) 舌頭肌群　(C) 眼球　(D) 牙齒。

49. 小動脈的阻力與下列何者之 4 次方呈反比？(A) 流入和流出的差異　(B) 血管半徑　(C) 血管長度　(D) 血液黏稠度。

50. 下列何者不屬於右心房 (right atrium) 的構造？(A) 卵圓窩 (fossa ovalis)　(B) 心肉柱 (trabeculae carneae)　(C) 梳狀肌 (pectinate muscle)　(D) 冠狀竇 (coronary sinus) 開口。

09

解答

1.B	2.B	3.C	4.C	5.B	6.D	7.B	8.C	9.C	10.A
11.C	12.A	13.B	14.C	15.A	16.D	17.C	18.B	19.D	20.B
21.A	22.B	23.A	24.C	25.B	26.A	27.D	28.C	29.C	30.C
31.A	32.D	33.A	34.C	35.C	36.C	37.A	38.A	39.B	40.C
41.B	42.C	43.D	44.A	45.D	46.D	47.C	48.C	49.B	50.B

09

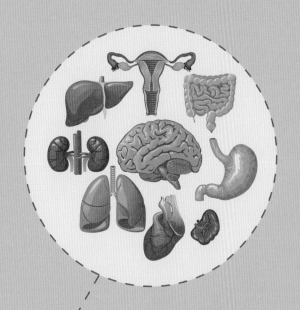

CHAPTER 10

呼吸系統 ●
Respiratory System

MIND MAPS IN
ANATOMY & PHYSIOLOGY
- A SUMMATIVE REVIEW

呼吸系統

上呼吸道構造

鼻腔

引流副鼻竇及淚管分泌物
- 後篩竇及部份蝶竇分泌物 — 上鼻道
- 前、中篩竇、額竇、上頜竇分泌物 — 中鼻道
- 鼻淚管分泌物 — 下鼻道

- 中膈軟骨、犁骨、篩骨垂直板 — 鼻中膈

相關骨
- 鼻腔、口腔分界點
  - 篩骨 頂部
  - 腭骨 底部
- 上頜骨及下鼻甲 — 外側壁

喉 C4-C6

食物、空氣共同通道

九塊軟骨構成
- 甲狀軟骨1 盾狀軟骨
  - 最大
  - 亞當蘋果，喉結
  - 聲帶起點 聲帶起端
- 會厭軟骨1 蓋軟骨
  - 最高
  - 附著於甲狀軟骨 下端
  - 游離 上端
  - 蓋住氣管 吞嚥時
  - 打開 呼吸、打呵欠
- 環狀軟骨1
  - 氣管起點 C6 最低
- 杓狀軟骨2
  - 聲帶止點
  - 與發聲相關 喉肌
- 楔狀軟骨2
- 小角狀軟骨2

喉返神經 上喉神經 迷走神經

下呼吸道構造

肺臟構造 圖10-1

氣體通道 23次分支

氣體通道區 第1-16分支
- 鼻子 終末細支氣管 解剖死腔
- 氣管 C6-T5
  - 偽複層纖毛上皮
  - 16-20個C型透明軟骨 缺口朝後
  - 平滑肌
  - 胸骨角 T4-T5 分叉
    - 右 短、粗、直
    - 左 長、細、彎
- 次級支氣管 大葉支氣管
  - 左(2次分支)
  - 右(3次分支)
- 三級支氣管 肺節支氣管
  - 左(8次分支)
  - 右(10次分支)
- 細支氣管
  - 軟骨消失
  - 平滑肌為主
    - 可協助咳痰
    - 易發生氣喘之處
- 終末細支氣管 小葉支氣管

呼吸區 第17-23次分支
- 呼吸性細支氣管 肺泡囊

肺泡

- Type I
  - 單層鱗狀上皮
  - 總面積70平方公尺 構成肺泡壁的內襯
- Type II 中膈細胞
  - 分泌表面張力素
    - 降低表面張力
    - 促進肺泡擴張
- 灰塵細胞 肺泡吞噬細胞

支配神經

血管活性腸胜肽（Vasoactive intestinal peptide, VIP）、一氧化氮

- 交感神經
  - 平滑肌擴張及黏液分泌減少
- 迷走神經
  - 乙醯膽鹼、冷
  - 平滑肌收縮及黏液分泌增加

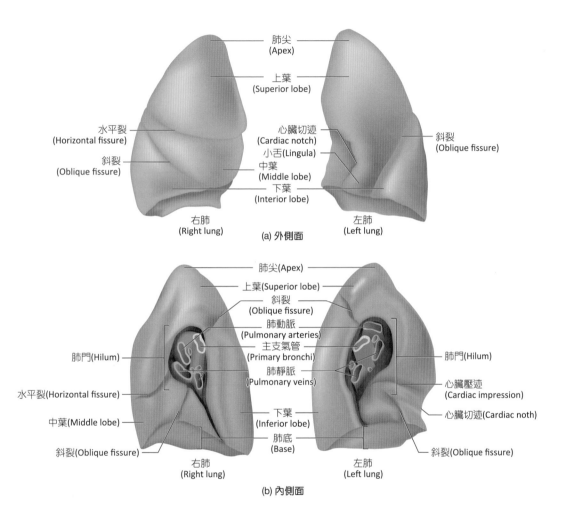

肺尖
(Apex)

上葉
(Superior lobe)

水平裂
(Horizontal fissure)

心臟切迹
(Cardiac notch)

斜裂
(Oblique fissure)

斜裂
(Oblique fissure)

小舌(Lingula)

中葉
(Middle lobe)

下葉
(Interior lobe)

右肺
(Right lung)

左肺
(Left lung)

(a) 外側面

肺尖(Apex)

上葉(Superior lobe)

斜裂
(Oblique fissure)

肺動脈
(Pulmonary arteries)

肺門(Hilum)

主支氣管
(Primary bronchi)

肺門(Hilum)

水平裂(Horizontal fissure)

肺靜脈
(Pulmonary veins)

心臟壓迹
(Cardiac impression)

中葉(Middle lobe)

下葉
(Inferior lobe)

心臟切迹(Cardiac noth)

斜裂(Oblique fissure)

肺底
(Base)

斜裂(Oblique fissure)

右肺
(Right lung)

左肺
(Left lung)

(b) 內側面

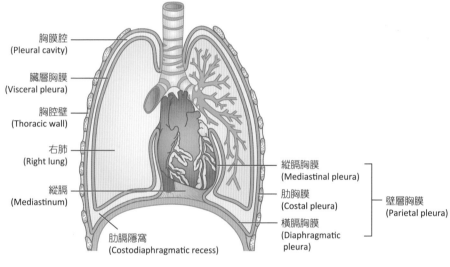

胸膜腔
(Pleural cavity)

臟層胸膜
(Visceral pleura)

胸腔壁
(Thoracic wall)

右肺
(Right lung)

縱膈
(Mediastinum)

縱膈胸膜
(Mediastinal pleura)

肋胸膜
(Costal pleura)

壁層胸膜
(Parietal pleura)

橫膈胸膜
(Diaphragmatic pleura)

肋膈隱窩
(Costodiaphragmatic recess)

(c) 胸膜與胸膜腔

10

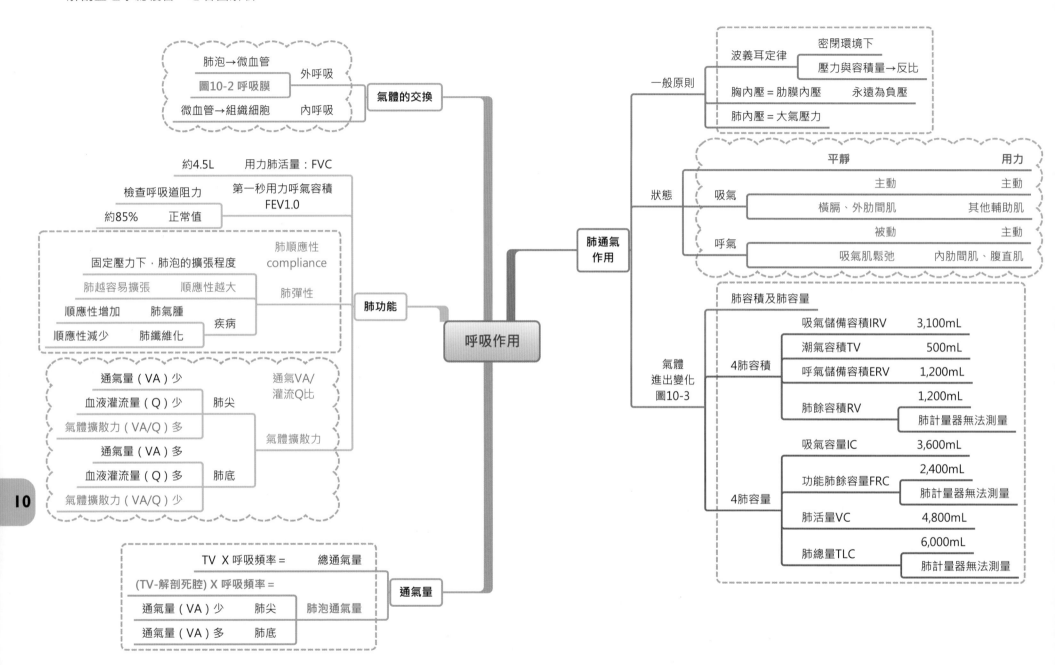

氣體的交換
- 肺泡→微血管　外呼吸
- 圖10-2 呼吸膜
- 微血管→組織細胞　內呼吸

肺功能
- 約4.5L　用力肺活量：FVC
- 檢查呼吸道阻力　第一秒用力呼氣容積 FEV1.0
- 約85%　正常值
- 固定壓力下，肺泡的擴張程度　肺順應性 compliance
  - 肺越容易擴張　順應性越大　肺彈性
  - 順應性增加　肺氣腫
  - 順應性減少　肺纖維化　疾病
- 通氣量（VA）少
  - 血液灌流量（Q）少　肺尖　通氣VA/灌流Q比
  - 氣體擴散力（VA/Q）多
  - 通氣量（VA）多
  - 血液灌流量（Q）多　肺底　氣體擴散力
  - 氣體擴散力（VA/Q）少

通氣量
- TV X 呼吸頻率 = 總通氣量
- (TV-解剖死腔) X 呼吸頻率 =
  - 通氣量（VA）少　肺尖　肺泡通氣量
  - 通氣量（VA）多　肺底

呼吸作用

肺通氣作用

一般原則
- 波義耳定律　密閉環境下　壓力與容積量→反比
- 胸內壓 = 肋膜內壓　永遠為負壓
- 肺內壓 = 大氣壓力

狀態

		平靜	用力
吸氣		主動	主動
		橫膈、外肋間肌	其他輔助肌
呼氣		被動	主動
		吸氣肌鬆弛	內肋間肌、腹直肌

氣體進出變化 圖10-3
- 肺容積及肺容量

4肺容積	吸氣儲備容積IRV	3,100mL
	潮氣容積TV	500mL
	呼氣儲備容積ERV	1,200mL
	肺餘容積RV	1,200mL（肺計量器無法測量）

4肺容量	吸氣容量IC	3,600mL
	功能肺餘容量FRC	2,400mL（肺計量器無法測量）
	肺活量VC	4,800mL
	肺總量TLC	6,000mL（肺計量器無法測量）

10

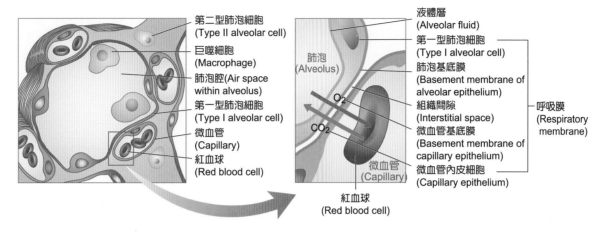

→ 圖 10-2　呼吸膜

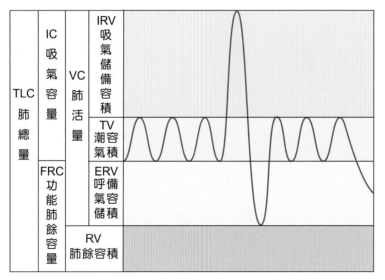

→ 圖 10-3　肺容積和肺容量

10

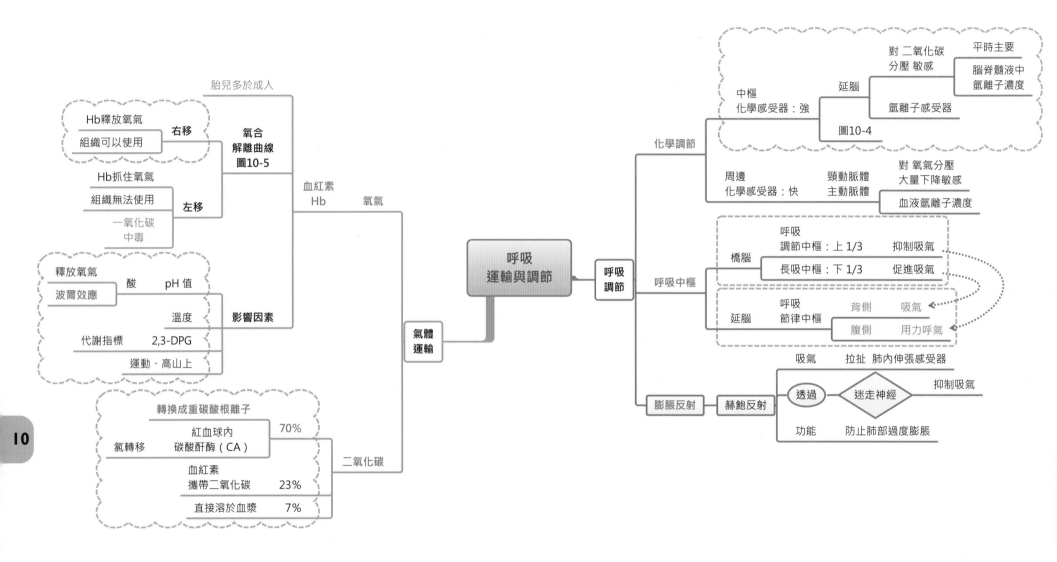

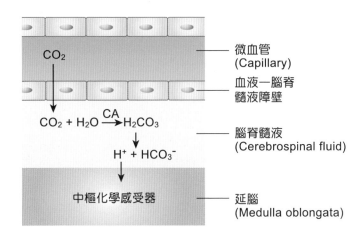

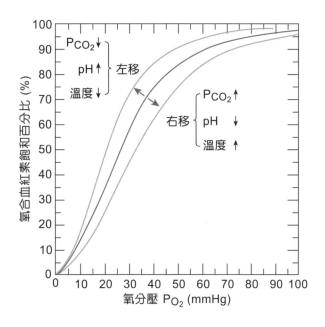

圖 10-4 二氧化碳調節中樞化學感受器

圖 10-5 氧合解離曲線

課後複習

1. 下列何者具有明顯的心臟切迹 (cardiac notch)？ (A) 右肺上葉 (B) 右肺下葉 (C) 左肺上葉 (D) 左肺下葉。

2. 有關肺順應性 (lung compliance) 的敘述，下列何者錯誤？ (A) 為單位肺間壓 (transpulmonary pressure) 改變所造成的肺容積變化 (B) 限制性肺病 (restrictive lung disease) 會降低肺的順應性 (C) 表面張力素 (surfactant) 可增加肺的順應性 (D) 順應性愈大愈容易造成肺泡塌陷 (collapse)。

3. 運動後氧氣和血紅素親和力下降，最可能是血液中下列何種變化所導致？ (A) 氫離子度增加 (B) 氧含量 (oxygen content) 增加 (C) 二氧化碳分壓 下降 (D) 2,3- 二磷酸甘油酸 (2,3-DPG) 濃度下降。

4. 在正常平靜吸氣後，肺內的體積為何？ (A) 潮氣容積 (tidal volume) (B) 功能肺餘量 (functional residual capacity) (C) 吸氣容量 (inspiratory capacity) ＋功能肺餘量 (D) 潮氣容積＋功能肺餘量。

5. 肺臟內的哪一構造，只具有傳送氣體的導管功用，但是不具備氣體交換的功能？ (A) 肺泡囊 (alveolar sac) (B) 肺泡管 (alveolar duct) (C) 終末細支氣管 (terminal bronchiole) (D) 呼吸性細支氣管 (respiratory bronchiole)。

6. 二氧化碳在血液中運送的各種形式，其中比例最高的形式是下列何者？ (A) 氣態二氧化碳 (B) 溶於血漿中之二氧化碳 (C) 碳醯胺基血紅素 (carbaminohemoglobin) (D) 碳酸氫根離子 (HCO_3^-)。

7. 下列何者不通過肺門？ (A) 胸管 (B) 肺動脈 (C) 肺靜脈 (D) 主支氣管。

8. 有關表面作用劑 (surfactant) 敘述，下列何者錯誤？ (A) 增加肺順應性 (lung compliance) (B) 穩定大肺泡，預防萎縮 (C) 減少小肺泡的表面張力 (surface tension) (D) 深呼吸可增加表面作用劑分泌。

9. 造成氧合解離曲線 (oxygen-hemoglobin dissociation curve) 向左偏移，下列何者正確？ (A) 增加 2, 3- 雙磷甘油 (2, 3-diphosphoglycerate) (B) 增加體溫 (C) 增加代謝 (D) 升高 pH 值。

10. 呼吸道的哪一部位沒有軟骨 (cartilage)？ (A) 主支氣管 (primary bronchi) (B) 次級支氣管 (secondary bronchi) (C) 三級支氣管 (tertiary bronchi) (D) 末端細支氣管 (terminal bronchioles)。

11. 下列有關動脈血二氧化碳分壓 (PCO_2) 上升所引起的反應，何者正確？ (A) 血液 pH 值上升 (B) 使氧合血紅素解離增加 (C) 可直接興奮呼吸中樞 (D) 抑制周邊化學接受器使換氣量增加。

12. 外呼吸 (external respiration) 可發生在下列哪個位置？ (A) 肺泡 (alveoli) (B) 支氣管 (bronchi) (C) 死腔 (dead space) (D) 細支氣管 (bronchioles)。

13. 正常情況下，有關成人血紅素的特性與功能之敘述，何者正確？ (1) 每個血紅素分子可攜帶 4 個氧分子 (2) 血紅素血基質中的鐵離子 (Fe^{3+}) 可與氧結合 (3) 血紅素與氧的結合曲線呈 S 形 (4) 成人血紅素的氧結合能力比胎兒血紅素強。 (A) 13 (B) 14 (C) 23 (D) 24。

14. 與正常人相比較，部分呼吸道狹窄的患者，其第一秒內用力呼氣體積 (forced expiratory volume at thefirst second) 與用力呼氣肺活量 (forced vital capacity) 之改變，下列何者正確？ (A) 二者變化均不顯著 (B) 前者減少，但後者變化 (C) 者變化不顯著，但後者減少 (D) 二者均顯著減少。

15. 若以潮氣容積 (tidal volume) 200 毫升，呼吸頻率 40 次／分鐘的方式持續呼吸 30 秒，會發生下列何種現象？ (A) 動脈二氧化碳分壓明顯下降　(B) 容易產生呼吸性低氧現象　(C) 血液中的氧氣總量大幅增加　(D) 呈現呼吸性鹼中毒。

16. 下列何者是血液中運送二氧化碳的最主要方式？ (A) 直接擴散　(B) 直接溶解於血液中　(C) 與血紅素結合　(D) 轉換成碳酸氫根離子。

17. 韓哈氏方程式 (Henderson-Hasselbalch equation) 的計算值，可用來理解體內的哪種狀態？ (A) 肺泡通氣量　(B) 正確的排卵時間　(C) 心輸出量的多寡　(D) 酸鹼平衡現象。

18. 下列有關肺部的敘述，何者正確？ (A) 斜裂將右肺區分為上下二葉　(B) 水平裂將左肺區分為上下二葉　(C) 右主支氣管較左主支氣管短、寬且較垂直，因此異物較易掉入右主支氣管　(D) 肺門位於肺的肋面，有支氣管、血管、神經通過。

19. 下列何者可產生表面活性劑 (surfactant)？ (A) 第二型肺泡細胞　(B) 結締組織　(C) 氣管的上皮細胞　(D) 黏膜細胞。

20. 肺部的哪一種細胞，主要負責分泌表面張力劑 (surfactant)，可以降低肺泡內的表面張力，避免肺泡塌陷？ (A) 微血管內皮細胞 (endothelia cell)　(B) 第一型肺泡細胞 (type I alveolar cell)　(C) 第二型肺泡細胞 (type II alveolar cell)　(D) 肺泡內巨噬細胞 (alveolar macrophage)。

21. 負責氣體交換之呼吸道細胞為下列哪一種？ (A) 嗜中性球 (neutrophil)　(B) 第二型肺泡細胞 (type II alveolar cell)　(C) 巨噬細胞 (macrophage)　(D) 第一型肺泡細胞 (type I alveolar cell)。

22. 下列何者最不容易使氧合血紅素解離曲線 (oxygen-hemoglobin dissociation curve) 右移？ (A) 血液中 pH 值增加　(B) 血液中氫離子濃度增加　(C) 核心體溫上升　(D) 血液中二氧化碳濃度增加。

23. 下列哪種支氣管分支是解剖死腔 (anatomicaldeadspace) 的最小構造？ (A) 細支氣管 (bronchioles)　(B) 節支氣管 (segmentalbronchi)　(C) 終末細支氣管 (terminalbronchioles)　(D) 呼吸性細支氣管 (respiratorybronchioles)。

24. 下列何種呼吸道阻力 (Raw) 與肺順應性 (CL) 的狀態，最有利於吸氣動作的進行？ (A) Raw 小且 CL 大　(B) Raw 大且 CL 小　(C) Raw 與 CL 皆大　(D) Raw 與 CL 皆小。

25. 關於氣管 (trachea) 的敘述，下列何者正確？ (A) 上皮是具有纖毛的單層柱狀上皮 (ciliated simple columnar epithelium)　(B) 軟骨組織是外型呈 C 形的彈性軟骨 (elastic cartilage)　(C) 氣管軟骨的後方有屬於骨骼肌的氣管肌 (trachealis) 連結　(D) 氣管的血液供應部分來自支氣管動脈 (bronchial arteries)。

26. 若潮氣容積 (tidal volume) 為 450 毫升，解剖性死腔為 150 毫升，每分鐘的呼吸頻率為 12 次，則每分鐘的肺泡通氣量為多少毫升？ (A) 1,800　(B) 3,600　(C) 5,400　(D) 7,200。

27. 早產兒引起之呼吸困難是因哪一種細胞發育不全所造成的？ (A) 第一型肺泡細胞 (type I alveolar cell)　(B) 第二型肺泡細胞 (type II alveolar cell)　(C) 肺泡巨噬細胞 (alveolar macrophage)　(D) 肥大細胞 (mast cell)。

28. 成年男性進行呼吸量測試發現肺活量 (vital capacity) 為兩公升，第一秒用力呼氣容積 (forced expiratory volume in 1s) 為 85%，此時可能為：(A) 阻塞型肺病 (obstructive lung disease)　(B) 限制型肺病 (restrictive lung disease)　(C) 正常呼吸功能　(D) 過敏性氣喘。

29. 下列哪一構造為鼻咽 (nasopharynx) 與口咽 (oropharynx) 分界的參考點？ (A) 會厭 (epiglottis)　(B) 軟腭 (softpalate)　(C) 舌骨 (hyoidbone)　(D) 額竇 (frontalsinus)。

10

30. 吸菸造成肺泡壁回彈力變差時，下列何種肺容積 (lungvolume) 或肺容量 (lungcapacity) 會增加？ (A) 肺活量 (VC)　(B) 潮氣容積 (TV)　(C) 肺餘容積 (RV)　(D) 呼氣儲備容積 (ERV)。

10

解 答

1.C	2.D	3.A	4.D	5.C	6.D	7.A	8.B	9.D	10.D
11.B	12.A	13.A	14.B	15.B	16.D	17.D	18.C	19.A	20.C
21.D	22.A	23.C	24.A	25.D	26.B	27.B	28.B	29.B	30.C

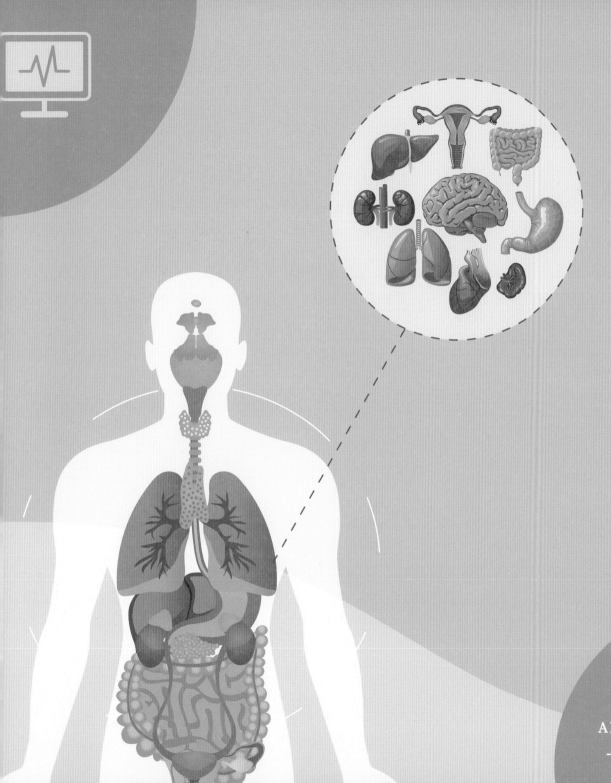

CHAPTER **11**

消化系統 ●
Digestive system

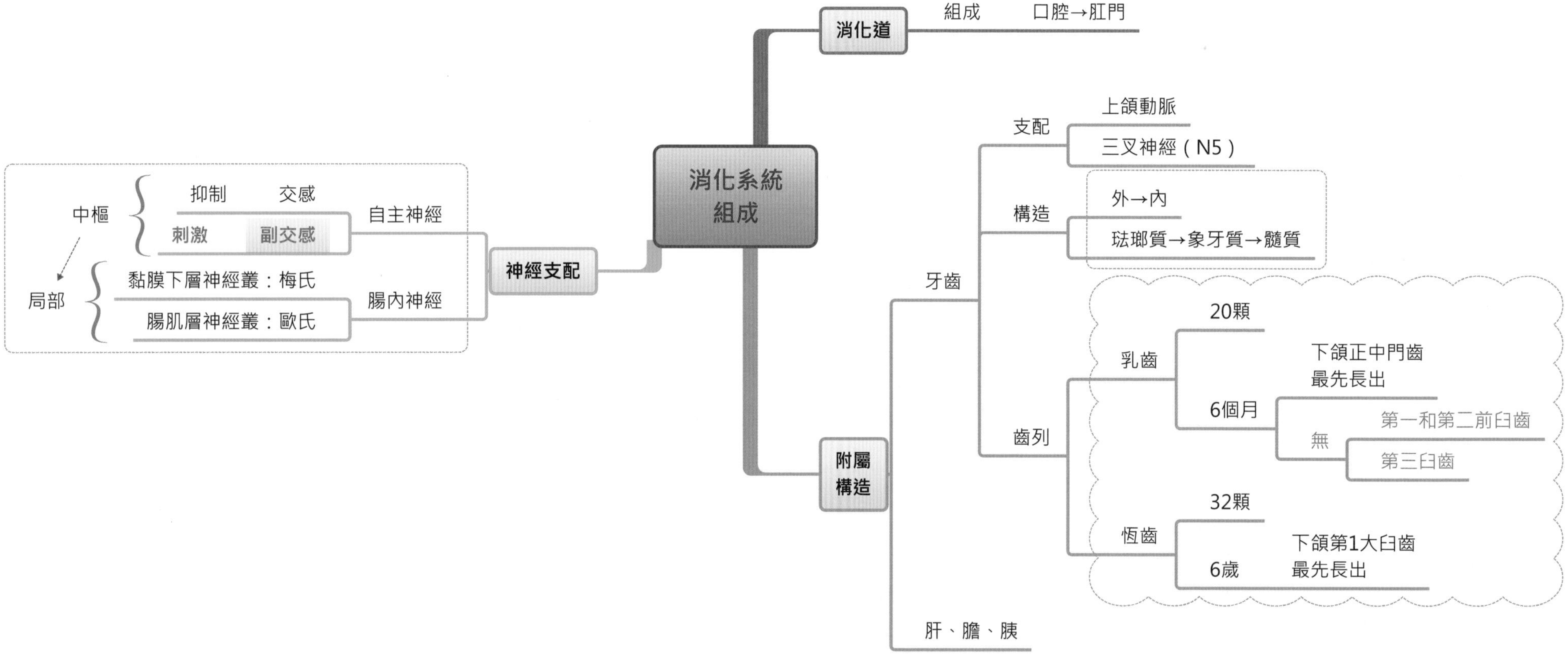

消化道 —— 組成 —— 口腔→肛門

消化系統組成

神經支配 —— 自主神經 —— {中樞}
- 抑制　交感
- 刺激　副交感

腸內神經 —— {局部}
- 黏膜下層神經叢：梅氏
- 腸肌層神經叢：歐氏

附屬構造

牙齒

支配
- 上頜動脈
- 三叉神經（N5）

構造
- 外→內
- 琺瑯質→象牙質→髓質

齒列

乳齒
- 20顆
- 6個月 —— 下頜正中門齒最先長出
- 無 —— 第一和第二前臼齒 / 第三臼齒

恆齒
- 32顆
- 6歲 —— 下頜第1大臼齒最先長出

肝、膽、胰

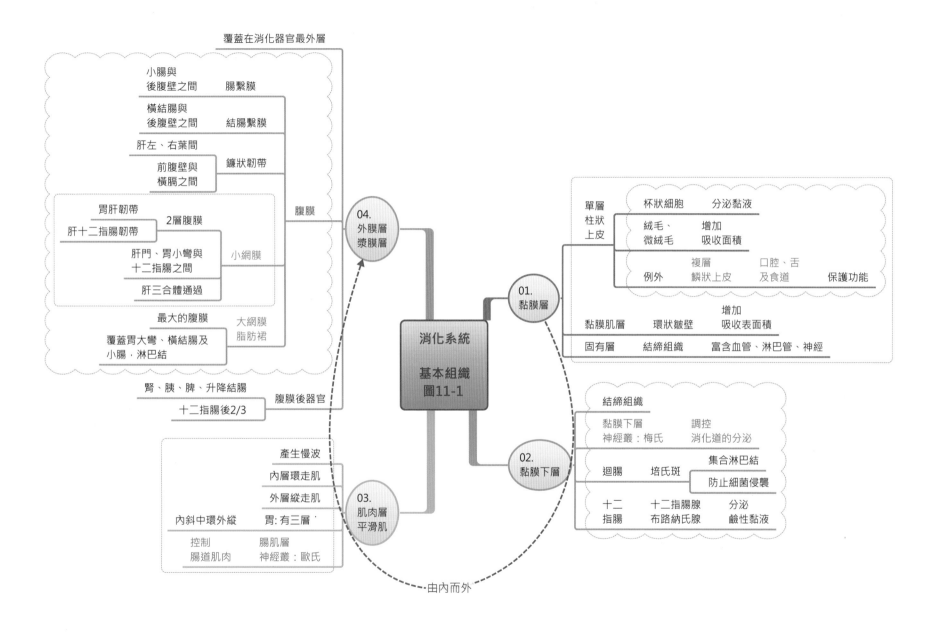

覆蓋在消化器官最外層

小腸與
後腹壁之間　　腸繫膜

橫結腸與
後腹壁之間　　結腸繫膜

肝左、右葉間
　　　　　　　鐮狀韌帶
前腹壁與
橫膈之間

胃肝韌帶
　　　　　　2層腹膜
肝十二指腸韌帶

肝門、胃小彎與
十二指腸之間　　小網膜

肝三合體通過

最大的腹膜
　　　　　　　大網膜
覆蓋胃大彎、橫結腸及　脂肪裙
小腸，淋巴結

腹膜

腎、胰、脾、升降結腸
　　　　　　　　腹膜後器官
十二指腸後2/3

04.
外膜層
漿膜層

消化系統

基本組織
圖11-1

01.
黏膜層

單層
柱狀
上皮

杯狀細胞　　分泌黏液

絨毛、　　增加
微絨毛　　吸收面積

複層　　口腔、舌
例外　鱗狀上皮　及食道　　保護功能

黏膜肌層　　環狀皺壁　　增加
　　　　　　　　　　　　吸收表面積
固有層　　結締組織　　富含血管、淋巴管、神經

02.
黏膜下層

結締組織

黏膜下層　　　調控
神經叢：梅氏　消化道的分泌

迴腸　　培氏斑　集合淋巴結
　　　　　　　防止細菌侵襲

十二　　十二指腸腺　分泌
指腸　　布路納氏腺　鹼性黏液

產生慢波

內層環走肌

外層縱走肌

內斜中環外縱　　胃: 有三層

控制　　　　腸肌層
腸道肌肉　　神經叢：歐氏

03.
肌肉層
平滑肌

由內而外

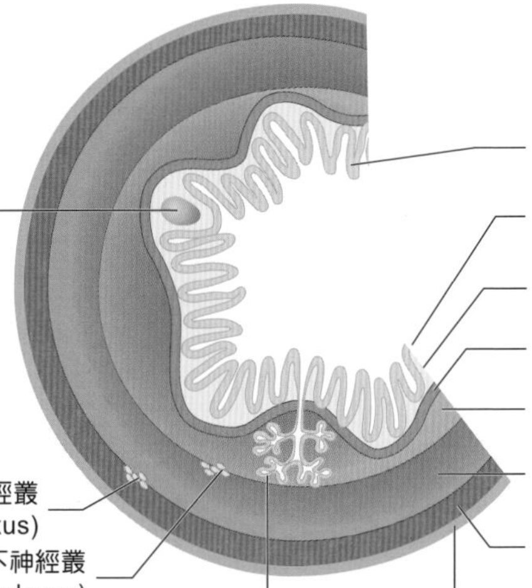

淋巴小結
(Lymphoid nodules)

絨毛
(Intestinal villus)

黏膜上皮層
(Surface epithelium)

黏膜固有層
(Lamina propria)

黏膜肌層
(Muscularis mucosae)

黏膜層(Mucosa)

黏膜下層
(Submucosa)

腸肌神經叢
(Myenteric plexus)

黏膜下神經叢
(Submucosal plexus)

內環走層
(Inner circular layer)

外縱走層
(Outer longitudinal layer)

肌肉層(Muscularis)

黏膜下層腺體
(Submucosal glands)

漿膜層
(Serosa)

➔ 圖 11-1　消化道基本組織

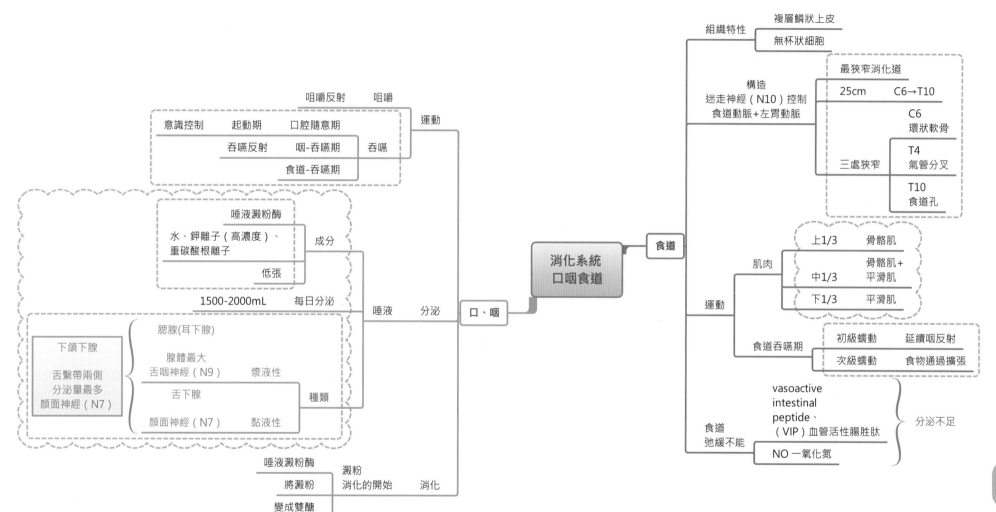

咀嚼反射　咀嚼
意識控制　起動期　口腔隨意期　　運動
吞嚥反射　咽-吞嚥期　吞嚥
食道-吞嚥期

唾液澱粉酶
水、鉀離子（高濃度）、　成分
重碳酸根離子
低張

1500-2000mL　每日分泌

下頜下腺
舌繫帶兩側　腮腺(耳下腺)
分泌量最多
顏面神經（N7）　腺體最大
舌咽神經（N9）　漿液性
舌下腺
顏面神經（N7）　黏液性　種類

唾液　分泌

消化系統
口咽食道　　食道　　口、咽

唾液澱粉酶　澱粉
將澱粉　消化的開始　消化
變成雙醣

組織特性　複層鱗狀上皮
無杯狀細胞

構造　最狹窄消化道
迷走神經（N10）控制　25cm　C6→T10
食道動脈+左胃動脈
C6
環狀軟骨
三處狹窄　T4
氣管分叉
T10
食道孔

肌肉　上1/3　骨骼肌
中1/3　骨骼肌+
平滑肌
下1/3　平滑肌
運動

食道吞嚥期　初級蠕動　延續咽反射
次級蠕動　食物通過擴張

食道　vasoactive
弛緩不能　intestinal
peptide、　分泌不足
（VIP）血管活性腸胜肽
NO 一氧化氮

連接食道
具下食道括約肌 ──── T10→11 ──── 賁門

食物最先接觸部份 ──── 胃底

內斜→
中環→ 三層
外縱 平滑肌
胃大彎(外側)和 胃體
胃小彎(內側)之間

分泌
胃泌素 腸內分泌細胞 ──── 胃竇/幽門

幽門
括約肌 ──── L1
開口向12指腸

構造

長時間沒有食物 ──── 飢餓收縮

20秒/次 ──── 混合波

3-4小時/次
食物完全離開胃進入小腸 ──── 排空
液體快於固體
醣類（最快）>
蛋白質 > ──── 影響因素
脂肪（最慢）

胃向小腸 ──── 排空掃蕩運動MMC

運動

蛋白質消化的開始 ──── **消化**

水份、藥物
酒精
(主要吸收處
還是在12指腸) ──── **吸收**

**消化系統
胃**

成分 ──── 胃蛋白酶
黏液

柱狀上皮細胞

頸狀黏液細胞 ──── 黏液 避免鹽酸接觸
富含 重碳酸根離子 的液體

主細胞 胃蛋白酶原 活化物：鹽酸

胃液 酸性

鹽酸 初級
氫-鉀幫浦 主動運輸

壁細胞
飯後突然
血液 鹼性度升高 鹼潮

內在因子 ──── 協助 維生素B12 之吸收
缺乏時 ──── 惡性貧血

胃腺構造

胃被拉扯可刺激分泌
靠近幽門附近胃腺所分泌

胃泌素
促進胃排空
功能 刺激鹽酸與
胃蛋白酶原的分泌
使下食道括約肌收縮
幽門括約肌鬆弛

腸內分泌
細胞、
嗜鉻細胞、
G細胞

膽囊收縮素
體制素 ──── 兩者

抑制

分泌

頭期 迷走神經（N10）
胃壁擴張 刺激分泌
胃期
胃泌素

Gastrin
inhibitory
peptide、GIP 抑制分泌

腸期
膽囊收縮素CCK

分期

II

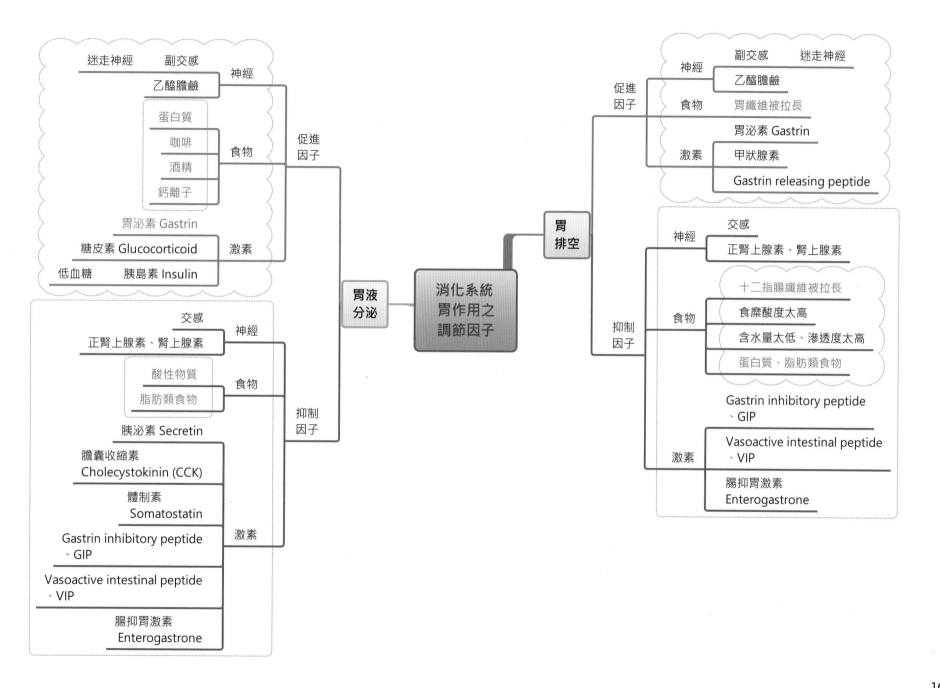

構造

十二指腸 25cm
- 上部易發生潰瘍
- 下行 乳頭部
  - 胰液、膽汁 — 共同開口
  - 肝胰壺腹
- 布路納氏腺
  - 黏膜下層
  - 鹼性黏液

空腸(左) 1-1.8m
- 短
- 左腸骨凹
- 環狀皺壁及絨毛 — 大、厚、明顯
- 培氏斑 — 少

迴腸(右) 2-3.6m
- 長
- 右腸骨凹
- 環狀皺壁及絨毛 — 小、不明顯
- 培氏斑 — 多 — 黏膜下層

消化系統 小腸1

小腸分泌

布路納氏腺 — 十二指腸腺
- 鹼性 — 富含重碳酸根離子的液體
- 腸激酶

小腸腺 李培昆氏腺窩
- 腸激酶
- 消化酶
  - 雙醣類
    - 麥芽糖酶
    - 蔗糖酶 — 醣類
    - 乳糖酶
  - 腸脂肪酶 — 脂肪
- 激素
  - 胰泌素
    - 刺激物：酸
    - 胰臟分泌鹼性胰液 — 刺激
    - 由十二指腸黏膜分泌
  - 膽囊收縮素 CCK
    - 刺激物：脂肪及蛋白質
    - 胰臟分泌消化酶 — 刺激
    - 由十二指腸黏膜分泌
  - Gastrin inhibitory peptide、GIP
    - 刺激物：葡萄糖、脂肪
    - 降低血糖 — 促進Insulin分泌
    - 抑制胃液之分泌
  - Vasoactive intestinal peptide、VIP
    - 促進小腸分泌水、電解質
    - 平滑肌放鬆
    - 抑制鹽酸分泌

胰臟分泌

分泌物
- 富含重碳酸根的液體 — 胰泌素調節
- 消化酶
  - 醣類 — 胰α-澱粉酶
  - 蛋白質
    - 胰蛋白酶 — 活化物：腸激酶
    - 胰凝乳蛋白酶 — 活化物：胰蛋白酶
  - 脂肪 — 胰脂肪酶
- CCK調節

排入 12指腸 — 協助小腸消化

調節
- 乙醯膽鹼 — 副交感
- 激素
  - 胰泌素
  - 膽囊收縮素CCK

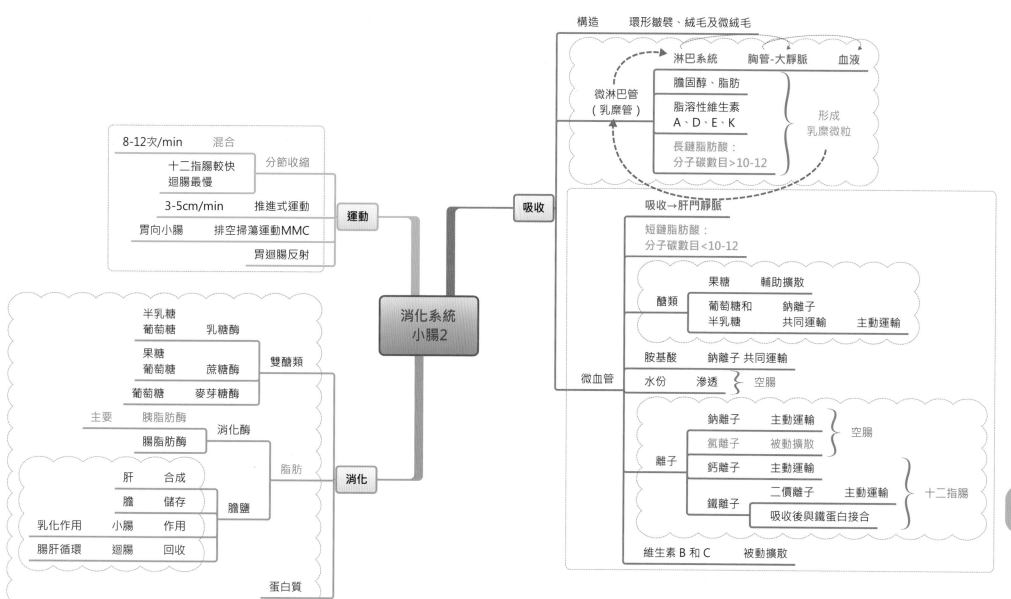

構造　　環形皺襞、絨毛及微絨毛

淋巴系統　胸管-大靜脈　血液

微淋巴管
（乳糜管）
- 膽固醇、脂肪
- 脂溶性維生素 A、D、E、K
- 長鏈脂肪酸：分子碳數目>10-12
　形成乳糜微粒

吸收

吸收→肝門靜脈

短鏈脂肪酸：分子碳數目<10-12

醣類
- 果糖　　輔助擴散
- 葡萄糖和半乳糖　　鈉離子共同運輸　　主動運輸

胺基酸　鈉離子 共同運輸

水份　滲透 } 空腸

微血管

離子
- 鈉離子　主動運輸 } 空腸
- 氯離子　被動擴散
- 鈣離子　主動運輸
- 鐵離子　二價離子　主動運輸 } 十二指腸
  - 吸收後與鐵蛋白接合

維生素 B 和 C　被動擴散

運動

8-12次/min　　混合

分節收縮
- 十二指腸較快
- 迴腸最慢

3-5cm/min　　推進式運動

胃向小腸　　排空掃蕩運動MMC

胃迴腸反射

**消化系統
小腸2**

消化

雙醣類
- 半乳糖、葡萄糖　乳糖酶
- 果糖、葡萄糖　蔗糖酶
- 葡萄糖　麥芽糖酶

脂肪

消化酶
- 主要　胰脂肪酶
- 腸脂肪酶

膽鹽
- 肝　合成
- 膽　儲存
- 乳化作用　小腸　作用
- 腸肝循環　迴腸　回收

蛋白質

II

位置
- 橫膈之下
- 右季肋部及腹上部

構造
- 鐮狀韌帶 — 左、右(大)兩葉
- 右葉
  - 方形葉
  - 尾葉
- 肝圓韌帶
  - 左、右(大)兩葉
  - 臍靜脈退化
- 靜脈韌帶
  - 左葉、尾葉之間
  - 靜脈導管退化
- 肝小葉 六角形 圖11-3
  - 中間
    - 肝細胞 — 肝板
    - 肝細胞 間隙 竇狀隙 — 庫佛氏 吞噬細胞
  - 肝三合體
    - 肝動脈分支
    - 肝門靜脈分支
    - 微膽管

左右葉之間: 鐮狀韌帶
尾右葉之間: 下腔靜脈
方右葉之間: 膽囊

肝

功能

大腸

構造
- 迴盲瓣→盲腸→(右)升橫降結腸(左)→直腸
- 止於闌尾
- 來自縱肌 — 3條結腸帶
- 來自環肌 — 結腸袋
- 特殊構造
  - 腸脂垂

運動
- 結腸袋 — 攪拌運動
- 胃-結腸反射
  - 飯後30分鐘啟動 — 團塊運動 Mass Movement
  - 排便反射
- 排便反射 S2-4
  - 內在排便反射
  - 副交感排便反射
- 胃結腸反射
  - 肛門內括約肌 — 鬆弛
  - 意識動作
  - 陰部神經
  - 肛門外括約肌

分泌
- 重碳酸根離子的黏液
- 無微絨毛 — 李培昆氏腺窩
- 腹瀉

消化 — 無

吸收 — 水、鈉離子、氯離子

消化系統
大腸 肝 膽

膽
- 肝右葉及方葉之間
- 功能 — 濃縮、酸化、貯存膽汁
- 膽汁分泌途徑 圖11-2
  - 微膽管
  - 膽管
  - 左、右肝管 — 總肝管
  - 膽囊管
  - 總膽管
  - 胰管
  - 十二指腸乳頭部
  - 肝胰壺腹
  - 歐迪氏括約肌

11

左、右肝管
(Left and right hepatic ducts)

膽囊管(Cystic duct)

總肝管(Common hepatic duct)

頸部
(Neck)

總膽管(Common bile duct)

膽囊(Gallbladder)

體部
(Body)

底部
(Fundus)

主胰管
(Main pancreatic duct)

肝胰壺腹
(Hepatopancreatic ampulla)

十二指腸大乳頭
(Major duodenal papilla)

空腸
(Duodenum)

➜ 圖 11-2　膽汁分泌途徑

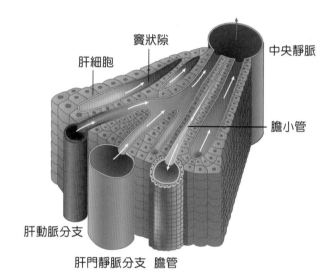

賓狀隙

肝細胞

中央靜脈

膽小管

肝動脈分支

肝門靜脈分支　膽管

➜ 圖 11-3　肝小葉構造

11

課後複習

1. 有關脂溶性維生素的敘述，下列何者錯誤？ (A) 吸收不受膽汁分泌的影響 (B) 包含維生素 A、D、E 與 K (C) 溶解在微膠粒 (micelle) 中 (D) 在小腸中被吸收進入人體。

2. 人體攝取富含脂肪的食物後，其消化與吸收作用的敘述，下列何者錯誤？ (A) 膽鹽 (bile salt) 的腸肝循環受阻易引起脂肪下痢 (B) 膽囊收縮素 (cholecystokinin) 會抑制胃酸的分泌 (C) 形成的微膠粒 (micelles) 有利於小腸對脂肪酸的吸收 (D) 脂肪酸形成乳糜微粒 (chylomicrons) 後進入肝門靜脈。

3. 總膽管與胰管匯聚形成肝胰壺腹 (hepatopancreatic ampulla)，開口於下列何處？ (A) 胃的幽門部 (B) 胃的賁門部 (C) 十二指腸 (D) 空腸。

4. 下列哪一構造位於肝臟的右葉與方形葉之間？ (A) 膽囊 (gall bladder) (B) 靜脈韌帶 (ligamentum venosum) (C) 鐮狀韌帶 (falciform ligament) (D) 肝圓韌帶 (round ligament of liver)。

5. 下列哪個胃腺細胞，主要產生鹽酸與內在因子？ (A) 黏液頸細胞 (mucous neck cell) (B) 壁細胞 (parietal cell) (C) 主細胞 (chief cell) (D) 腸內分泌細胞 (enteroendocrine cell)。

6. 胃酸可以活化下列何種物質的消化酶？ (A) 蔗糖 (B) 乳糖 (C) 蛋白質 (D) 膽固醇酯。

7. 當胰泌素 (secretin) 分泌增加後，胰液中何種物質的濃度會大幅上升？ (A) 碳酸氫根離子 (B) 澱粉酶 (amylase) (C) 鉀離子 (D) 氯離子。

8. 依照大腸 (large intestine) 前後排列之順序，下列何者在最前端？ (A) 升結腸 (B) 降結腸 (C) 盲腸 (D) 迴腸。

9. 下列何者在小腸液中的含量最低？ (A) 蔗糖酶 (sucrase) (B) 肝醣酶 (glycogenase) (C) 乳糖酶 (lactase) (D) 麥芽糖酶 (maltase)。

10. 下列哪一構造具有防止大腸內容物逆流入小腸的調控？ (A) 結腸袋 (haustra) (B) 結腸帶 (taeniae coli) (C) 直腸瓣 (rectal valve) (D) 迴盲瓣 (ileocecal valve)。

11. 有關消化道肌肉層的敘述，下列何者正確？ (A) 除口腔、咽部外，所有消化道的肌肉層皆由平滑肌構成 (B) 除口腔、咽部外，所有消化道的肌肉層皆分為內層環向、外層縱向 (C) 咽部主要由骨骼肌所構成 (D) 口腔的硬顎是骨骼肌構成，而軟顎是平滑肌所構成。

12. 消化道的奧氏神經叢 (Auerbach's plexus)，主要位於下列何處？ (A) 黏膜層 (B) 黏膜下層 (C) 肌肉層 (D) 漿膜層。

13. 橫結腸不具下列何種構造？ (A) 腸脂垂 (B) 縱走之肌肉帶 (C) 結腸袋 (D) 小網膜。

14. 有關腸道中脂解酶 (lipase) 的敘述，下列何者正確？ (A) 主要由肝臟製造分泌 (B) 協助乳化脂肪 (C) 使乳糜微粒 (chylomicron) 分解成單酸甘油酯 (monoglyceride) 和游離脂肪酸 (free fatty acid) (D) 將三酸甘油酯 (triglyceride) 分解為單酸甘油酯和游離脂肪酸。

15. 下列哪個物質不會出現在乳糜微粒 (chylomicron) 中？ (A) 特低密度脂蛋白 (very-low-density lipoprotein) (B) 維生素 D (vitamin D) (C) 磷脂質 (phospholipid) (D) 膽固醇 (cholesterol)。

16. 下列有關腮腺的敘述，何者錯誤？ (A) 主要位於嚼肌之內側 (B) 為最大的唾液腺 (C) 其導管穿過頰肌開口於口腔 (D) 分泌液內含唾液澱粉酶。

17. 下列哪個維生素 (vitamin) 會出現在乳糜微粒 (chylomicron) 中？ (A) 維生素 A (B) 維生素 B_6 (C) 維生素 B_{12} (D) 維生素 C。

18. 攝取含有乳糖的食物後，其主要之消化過程下列何者正確？ (A) 胃黏膜合成之酵素將其分解為半乳糖及果糖 (B) 唾液腺合成之酵素將其分解為兩分子的葡萄糖 (C) 小腸黏膜合成之酵素將其分解為半乳糖及葡萄糖 (D) 胰臟細胞合成之酵素將其分解為半乳糖及果糖。

19. 下列有關膽囊的敘述何者正確？(A) 黏膜層由單層柱狀上皮組成　(B) 位於肝臟方形葉之左側　(C) 主要功能為製造及貯存膽汁　(D) 胃分泌之膽囊收縮素能夠促使膽囊排空。

20. 膽汁之製造及注入消化道的位置，下列何者正確？(A) 肝臟製造，注入十二指腸　(B) 肝臟製造，注入空腸　(C) 膽囊製造，注入十二指腸　(D) 膽囊製造，注入空腸。

21. 總肝管 (common hepatic duct) 與下列何種構造會合形成總膽管 (common bile duct) ？(A) 膽管 (bile duct)　(B) 膽囊管 (cystic duct)　(C) 肝管 (hepatic duct)　(D) 微膽管 (bile canaliculi)。

22. 下列何者為刺激胃泌素 (gastrin) 分泌之直接且重要的因子？(A) 膨脹的胃　(B) 胃腔內 [H$^+$] 增加　(C) 胰泌素 (secretin) 分泌　(D) 食道的蠕動 (peristalsis)。

23. 嬰兒喝奶時常伴隨排便，主要是受到下列何者的調控？(A) 胰泌素 (secretin)　(B) 胃動素 (motilin)　(C) 胃迴腸反射 (gastroileal reflex)　(D) 胃結腸反射 (gastrocolic reflex)。

24. 食用富含下列何種營養素的食物後，胃排空速率最慢？(A) 水分　(B) 醣類　(C) 脂肪　(D) 蛋白質。

25. 有關胰臟之敘述何者錯誤？(A) 胰液偏弱鹼性　(B) 位於胃之後方　(C) 其中約九成細胞屬於腺泡細胞　(D) 胰管與副胰管都注入空腸。

26. 下列何者為胰臟內分泌細胞與胃壁的細胞皆可分泌的物質？(A) 胰蛋白酶原 (trypsinogen)　(B) 澱粉酶 (amylase)　(C) 胃蛋白酶原 (pepsinogen)　(D) 體抑素 (somatostatin)。

27. 下列何者將胃小彎 (lesser curvature) 與十二指腸連接在肝臟的下方？(A) 小網膜 (lesser omentum)　(B) 大網膜 (greater omentum)　(C) 小腸繫膜 (mesentery proper)　(D) 鐮狀韌帶 (falciform ligament)。

28. 消化道的梅氏神經叢 (Meissner's plexus) 位於下列何處？(A) 黏膜層　(B) 黏膜下層　(C) 肌肉層　(D) 漿膜層。

29. 下列哪一項不屬於進食誘發吞嚥反射 (swallowing reflex) ？(A) 呼吸受到抑制　(B) 聲門 (glottis) 關閉　(C) 上食道括約肌 (upper esophageal sphincter) 鬆弛　(D) 下食道括約肌 (lower esophageal sphincter) 收縮。

30. 關於碳水化合物消化和吸收的敘述，下列何者正確？(A) 碳水化合物消化從胃開始　(B) 乳糖不耐症是因為澱粉酶不足　(C) 多醣被分解成可被吸收的單醣　(D) 蔗糖可通過腸道上皮細胞被吸收。

31. 下列有關蛋白質消化和吸收的敘述，何者正確？(A) 胰臟管細胞 (duct cell) 能分泌蛋白酶，於小腸協助蛋白質分解　(B) 吸收後，蛋白質消化產物直接通過血液進入肝臟　(C) 胃蛋白酶 (pepsin) 可於小腸與胰臟分泌的蛋白酶協同消化蛋白質　(D) 蛋白酶皆以具活性的形式從製造的細胞分泌出來。

32. 有關竇狀隙 (sinusoid) 的敘述，下列何者錯誤？(A) 其管壁由肝細胞構成　(B) 與肝小葉的中央靜脈連通　(C) 接收肝門靜脈的血液　(D) 接收肝動脈的血液。

33. 肝胰壺腹 (hepatopancreatic ampulla) 內的膽汁，主要是由下列何者直接匯集而成？(A) 肝管 (hepatic duct)　(B) 總膽管 (common bile duct)　(C) 膽囊管 (cystic duct)　(D) 總肝管 (common hepatic duct)。

34. 在進食之頭期 (cephalic phase)，下列何者會被激活？(A) 嗅覺導致胰泌素 (secretin) 的分泌　(B) 小腸與胃之間的短反射 (short reflex)　(C) 交感神經 (sympathetic nerves) 至腸神經系統 (enteric nervous system)　(D) 副交感神經 (parasympathetic nerves) 至腸神經系統。

35. 下列何者與飢餓感的調節最無關？(A) 週期素 (cyclin)　(B) 瘦體素 (leptin)　(C) 飢餓素 (ghrelin)　(D) 神經胜肽 Y (neuropeptide Y)。

36. 有關食道之敘述何者正確？(A) 位於氣管之前方　(B) 食道上段為平滑肌所構成　(C) 以蠕動 (peristaltic contraction) 之方式將食物向下推送　(D) 以分節運動 (segmentatin contraction) 將食物充分混合。

37. 某些消化酶是以非活化的「酶原」(zymogens) 形式產生，須由活化劑轉換成活化狀態，下列消化酶與其活化劑的配對，何者錯誤？
(A) 胃蛋白酶 (pepsin)：鹽酸　　(B) 彈性蛋白酶 (elastase)：氯離子
(C) 胰蛋白酶 (trypsin)：腸激酶 (enterokinase)　　(D) 胰凝乳蛋白酶 (chymotrypsin)：胰蛋白酶。

38. 高蛋白質且低碳水化合物的飲食，可以刺激胰島素 (insulin) 分泌，但不會造成低血糖的最可能原因為何？ (A) 血漿中的胺基酸快速轉換為葡萄糖　 (B) 同時刺激昇糖素 (glucagon) 的分泌　 (C) 胺基酸抑制胰島素與接受器結合　 (D) 血漿中的葡萄糖無法被細胞利用。

39. 葡萄糖依賴型胰島素控制胜肽 (glucose-dependent insulinotropic peptide，GIP) 可刺激胰島素分泌，GIP 主要是由消化系統中哪一個器官所分泌？ (A) 胃　 (B) 小腸　 (C) 肝臟　 (D) 胰臟。

40. 有關胸膜與腹膜的敘述，下列何者錯誤？ (A) 皆屬於漿膜 (serosa)　 (B) 皆有壁層與臟層之分　 (C) 皆具有單層上皮　 (D) 前者包覆所有胸腔的臟器，後者包覆所有腹腔的臟器。

解　答

1.A	2.D	3.C	4.A	5.B	6.C	7.A	8.C	9.B	10.D
11.C	12.C	13.D	14.D	15.A	16.A	17.A	18.C	19.A	20.A
21.B	22.A	23.D	24.C	25.D	26.D	27.A	28.B	29.D	30.C
31.B	32.A	33.B	34.D	35.A	36.C	37.B	38.B	39.B	40.D

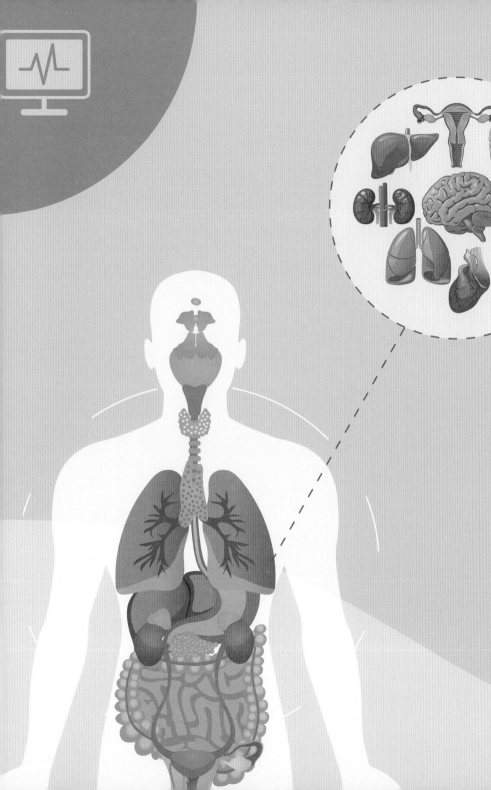

CHAPTER 12

泌尿系統 ●
Urinary System

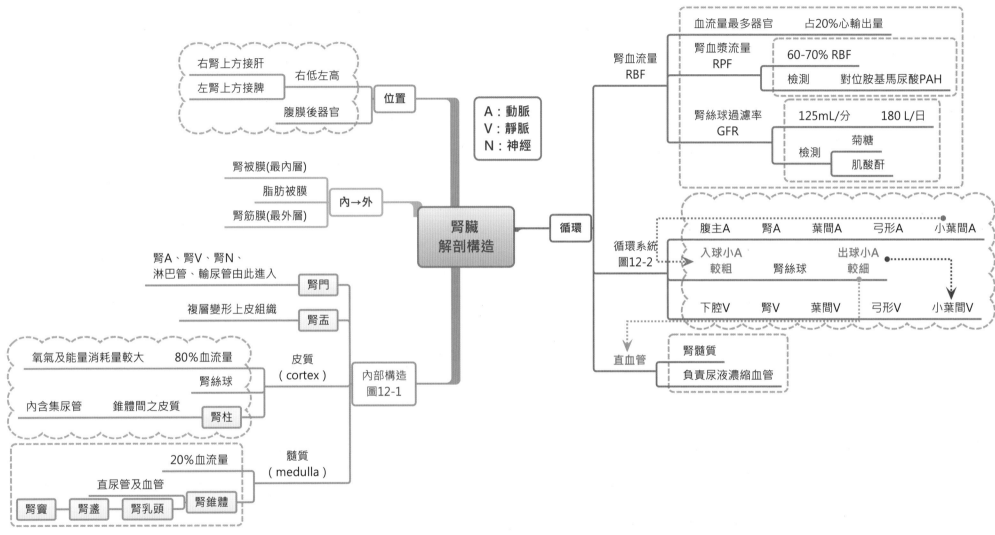

A：動脈
V：靜脈
N：神經

腎臟解剖構造

位置
- 右腎上方接肝 — 右低左高
- 左腎上方接脾
- 腹膜後器官

內→外
- 腎被膜(最內層)
- 脂肪被膜
- 腎筋膜(最外層)

內部構造 圖12-1

腎門 — 腎A、腎V、腎N、淋巴管、輸尿管由此進入

腎盂 — 複層變形上皮組織

皮質(cortex)
- 氧氣及能量消耗量較大　80%血流量
- 腎絲球
- 腎柱 — 內含集尿管　錐體間之皮質

髓質(medulla)
- 腎錐體 — 20%血流量
- 直尿管及血管
- 腎竇 — 腎盞 — 腎乳頭 — 腎錐體

循環

腎血流量 RBF
- 血流量最多器官　占20%心輸出量
- 腎血漿流量 RPF
  - 60-70% RBF
  - 檢測　對位胺基馬尿酸PAH
- 腎絲球過濾率 GFR
  - 125mL/分　180 L/日
  - 檢測
    - 菊糖
    - 肌酸酐

循環系統 圖12-2
- 腹主A　腎A　葉間A　弓形A　小葉間A
- 入球小A(較粗)　腎絲球　出球小A(較細)
- 下腔V　腎V　葉間V　弓形V　小葉間V

直血管
- 腎髓質
- 負責尿液濃縮血管

12

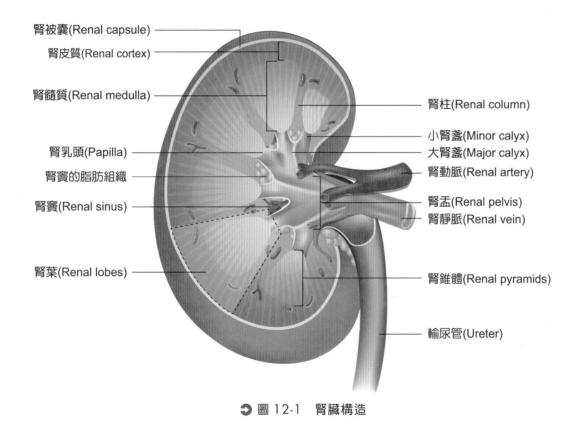

腎被囊(Renal capsule)

腎皮質(Renal cortex)

腎髓質(Renal medulla)

腎柱(Renal column)

小腎盞(Minor calyx)

腎乳頭(Papilla)

大腎盞(Major calyx)

腎竇的脂肪組織

腎動脈(Renal artery)

腎竇(Renal sinus)

腎盂(Renal pelvis)

腎靜脈(Renal vein)

腎葉(Renal lobes)

腎錐體(Renal pyramids)

輸尿管(Ureter)

⊃ 圖 12-1　腎臟構造

12

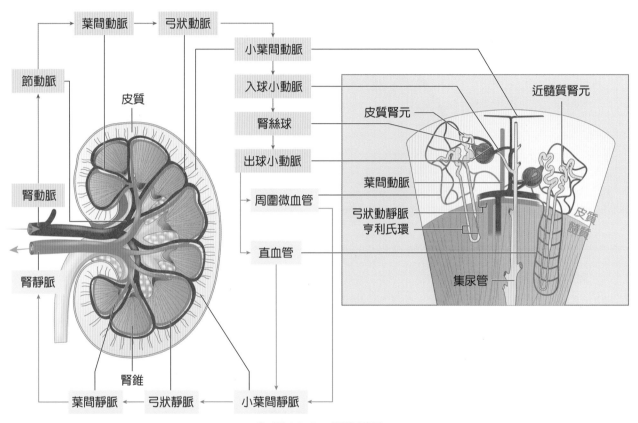

➜ 圖 12-2　腎臟循環

其他泌尿器官

膀胱

位置
- 恥骨聯合後面與直腸正前方　男性
- 恥骨聯合後面與子宮體前面　女性

膀胱壁組織構造
- 複層移形上皮　黏膜層
- 黏膜下層
- 肌肉層
  - 縱走肌　內
  - 環狀肌　中（尿道內擴約肌）
  - 逼尿肌　外（副交感刺激其收縮）
- 漿膜層

輸尿管
- 左長右短
- 三處狹窄
  - 腎盂
  - 髂總動脈交叉
  - 入骨盆腔處
- 構造
  - 內　複層移形上皮
  - 中　平滑肌　內縱、外環
  - 外　纖維層　腎被膜之延續

尿道

位置
- 男性
  - 膀胱正下方
  - 垂直通過前列腺
  - 再穿過生殖膈膜
  - 穿入陰莖
- 女性
  - 恥骨聯合正後方
  - 開口於陰蒂與陰道之間

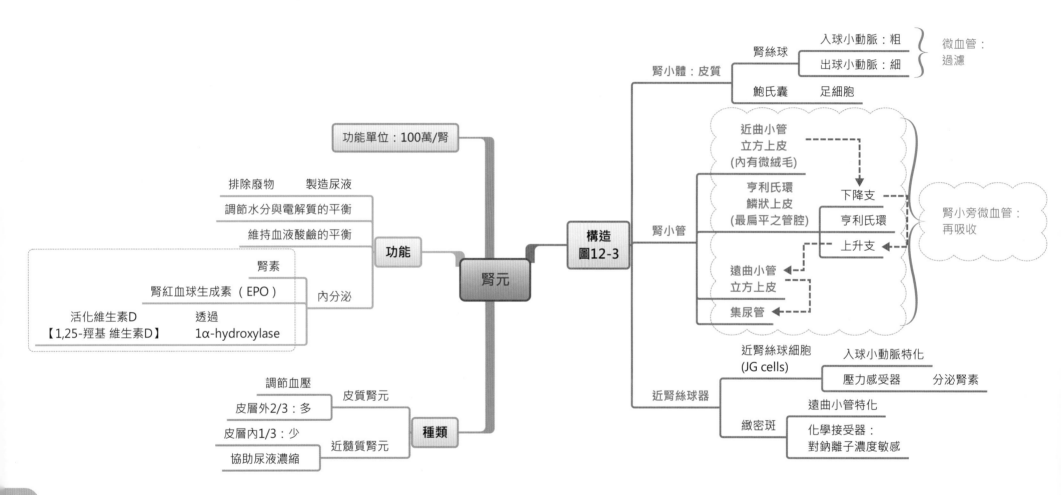

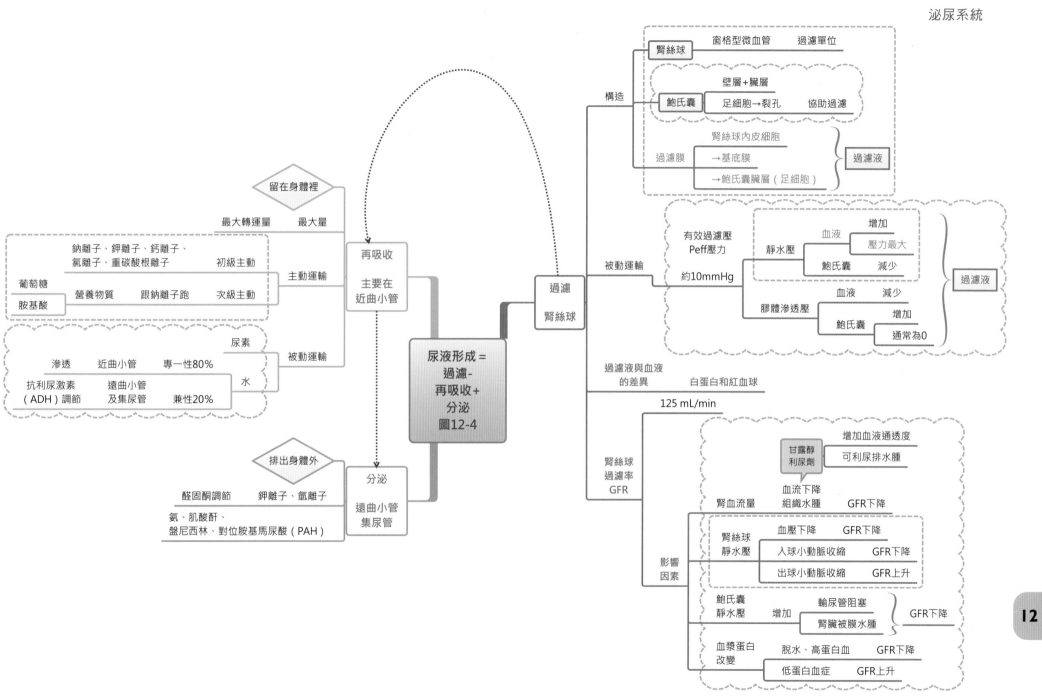

構造

腎絲球 ── 窗格型微血管 ── 過濾單位

鮑氏囊 ── 壁層+臟層
足細胞→裂孔 ── 協助過濾

過濾膜 ── 腎絲球內皮細胞
→基底膜
→鮑氏囊臟層（足細胞）　} 過濾液

被動運輸

有效過濾壓 Peff壓力　約10mmHg

靜水壓 ── 血液 ── 增加／壓力最大
鮑氏囊 ── 減少

膠體滲透壓 ── 血液 ── 減少
鮑氏囊 ── 增加／通常為0　} 過濾液

過濾
腎絲球

過濾液與血液的差異 ── 白蛋白和紅血球

125 mL/min

腎絲球過濾率 GFR

甘露醇利尿劑 ── 增加血液通透度／可利尿排水腫

影響因素

腎血流量 ── 血流下降 組織水腫 ── GFR下降

腎絲球靜水壓 ── 血壓下降 ── GFR下降
入球小動脈收縮 ── GFR下降
出球小動脈收縮 ── GFR上升

鮑氏囊靜水壓 ── 增加 ── 輸尿管阻塞／腎臟被膜水腫　} GFR下降

血漿蛋白改變 ── 脫水、高蛋白血 ── GFR下降
低蛋白血症 ── GFR上升

尿液形成=
過濾-
再吸收+
分泌
圖12-4

再吸收
主要在
近曲小管

留在身體裡

最大轉運量 ── 最大量

主動運輸
鈉離子、鉀離子、鈣離子、氯離子、重碳酸根離子 ── 初級主動
葡萄糖／胺基酸 ── 營養物質 ── 跟鈉離子跑 ── 次級主動

被動運輸
尿素
水

滲透 ── 近曲小管 ── 專一性80%
抗利尿激素（ADH）調節 ── 遠曲小管及集尿管 ── 兼性20%

分泌
遠曲小管
集尿管

排出身體外

醛固酮調節 ── 鉀離子、氫離子
氨、肌酸酐、盤尼西林、對位胺基馬尿酸（PAH）

12

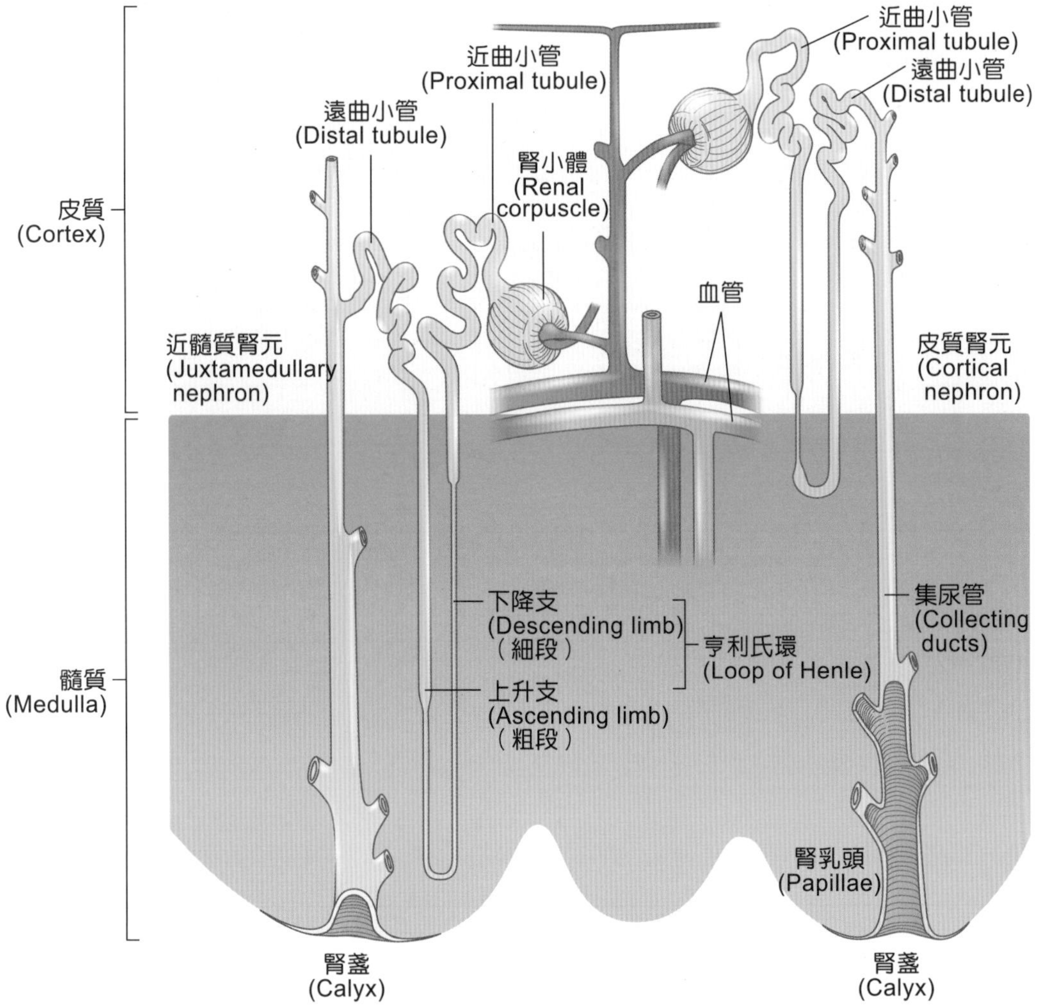

皮質
(Cortex)

髓質
(Medulla)

遠曲小管
(Distal tubule)

近曲小管
(Proximal tubule)

腎小體
(Renal
corpuscle)

近髓質腎元
(Juxtamedullary
nephron)

近曲小管
(Proximal tubule)

遠曲小管
(Distal tubule)

血管

皮質腎元
(Cortical
nephron)

下降支
(Descending limb)
（細段）

上升支
(Ascending limb)
（粗段）

亨利氏環
(Loop of Henle)

集尿管
(Collecting
ducts)

腎乳頭
(Papillae)

腎盞
(Calyx)

腎盞
(Calyx)

→ 圖 12-3　腎元構造

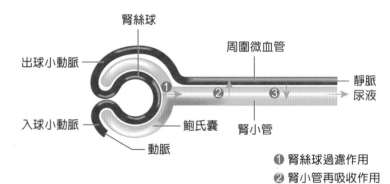

腎絲球

出球小動脈

入球小動脈

周圍微血管

靜脈

尿液

鮑氏囊

腎小管

動脈

❶ 腎絲球過濾作用
❷ 腎小管再吸收作用
❸ 腎小管分泌作用

→ 圖 12-4　尿液濃縮

12

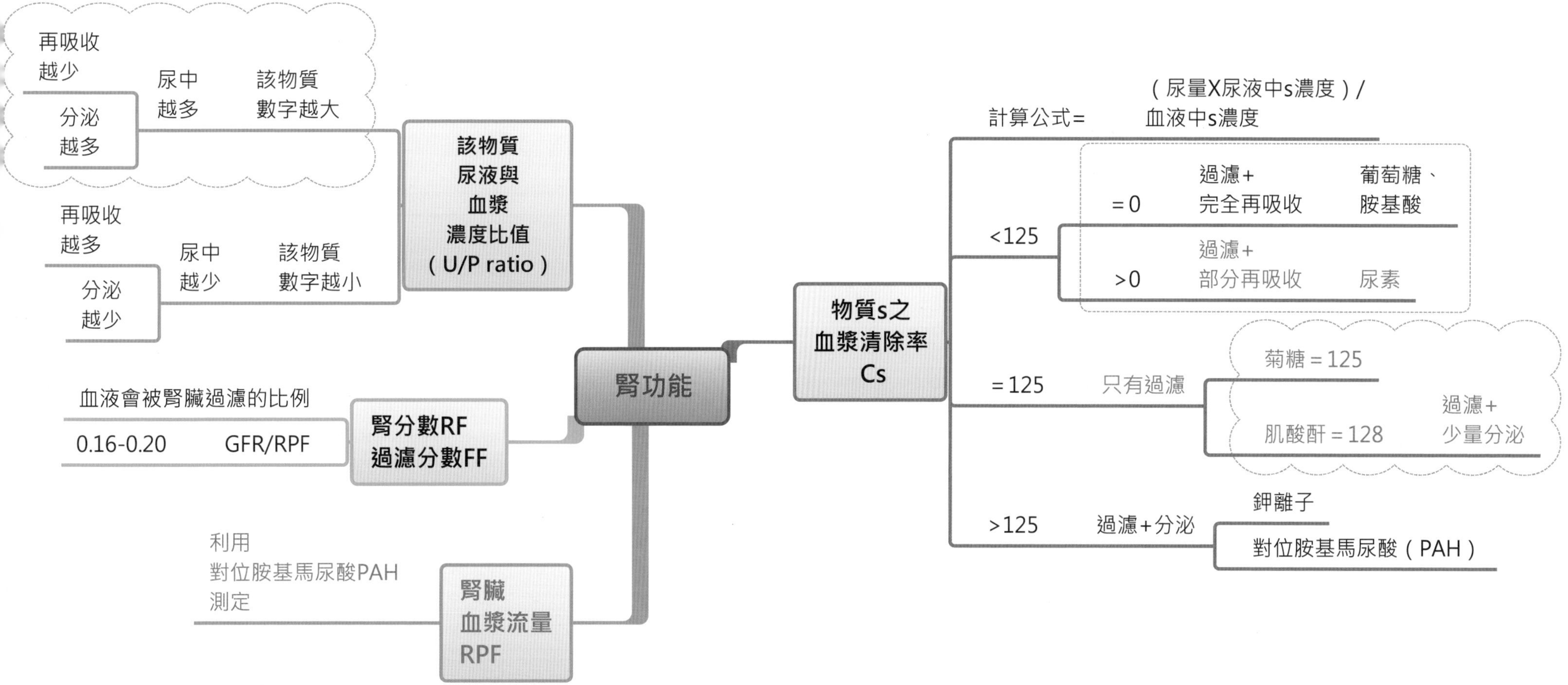

再吸收
越少

分泌
越多

尿中
越多

該物質
數字越大

再吸收
越多

分泌
越少

尿中
越少

該物質
數字越小

**該物質
尿液與
血漿
濃度比值
（U/P ratio）**

血液會被腎臟過濾的比例

0.16-0.20　　GFR/RPF

**腎分數RF
過濾分數FF**

腎功能

**物質s之
血漿清除率
Cs**

計算公式＝

（尿量X尿液中s濃度）/
血液中s濃度

<125

＝0　過濾+
完全再吸收

葡萄糖、
胺基酸

>0　過濾+
部分再吸收

尿素

＝125　　只有過濾

菊糖＝125

肌酸酐＝128

過濾+
少量分泌

>125　　過濾+分泌

鉀離子

對位胺基馬尿酸（PAH）

利用
對位胺基馬尿酸PAH
測定

**腎臟
血漿流量
RPF**

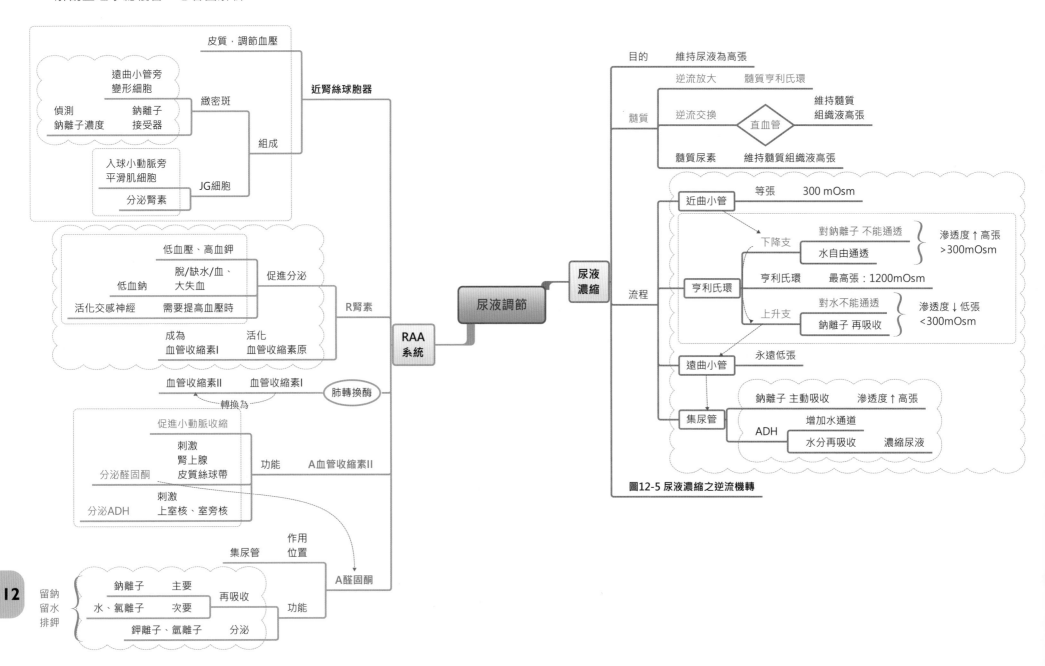

近腎絲球胞器

皮質，調節血壓

遠曲小管旁
變形細胞

偵測
鈉離子濃度 ── 鈉離子
接受器 ── 緻密斑

組成

入球小動脈旁
平滑肌細胞

JG細胞

分泌腎素

低血壓、高血鉀

脫/缺水/血、
大失血

低血鈉

活化交感神經 ── 需要提高血壓時

促進分泌

R腎素

成為
血管收縮素I ── 活化
血管收縮素原

血管收縮素II ── 血管收縮素I

轉換為 ── 肺轉換酶

促進小動脈收縮

刺激
腎上腺
皮質絲球帶

功能

A血管收縮素II

分泌醛固酮

分泌ADH ── 刺激
上室核、室旁核

A醛固酮

作用
位置 ── 集尿管

留鈉
留水
排鉀

鈉離子 ── 主要

水、氯離子 ── 次要

再吸收

鉀離子、氫離子 ── 分泌

功能

RAA
系統

尿液調節

尿液
濃縮

目的 ── 維持尿液為高張

髓質

逆流放大 ── 髓質亨利氏環

逆流交換 ── 直血管 ── 維持髓質
組織液高張

髓質尿素 ── 維持髓質組織液高張

流程

近曲小管 ── 等張 ── 300 mOsm

下降支 ── 對鈉離子 不能通透
水自由通透 ── 滲透度↑高張
>300mOsm

亨利氏環 ── 亨利氏環 ── 最高張：1200mOsm

上升支 ── 對水不能通透
鈉離子 再吸收 ── 滲透度↓低張
<300mOsm

遠曲小管 ── 永遠低張

集尿管

鈉離子 主動吸收 ── 滲透度↑高張

ADH ── 增加水通道

水分再吸收 ── 濃縮尿液

圖12-5 尿液濃縮之逆流機轉

12

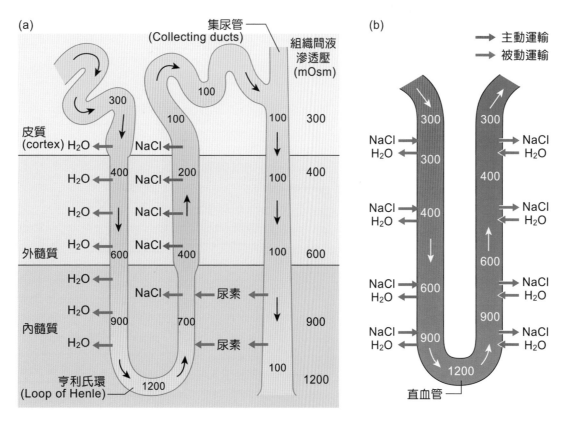

➜ 圖 12-5 尿液濃縮之逆流機轉

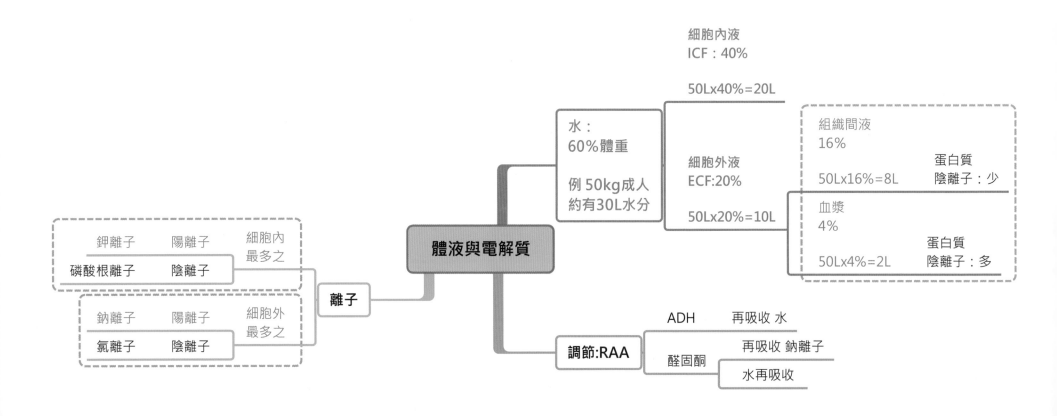

細胞內液
ICF：40%

50Lx40%=20L

組織間液
16%

蛋白質
50Lx16%=8L　陰離子：少

細胞外液
ECF:20%

血漿
4%

50Lx20%=10L

蛋白質
50Lx4%=2L　陰離子：多

水：
60%體重

例 50kg成人
約有30L水分

鉀離子　陽離子　細胞內
最多之

磷酸根離子　陰離子

鈉離子　陽離子　細胞外
最多之

氯離子　陰離子

離子

體液與電解質

ADH　再吸收 水

再吸收 鈉離子

醛固酮

水再吸收

調節:RAA

12

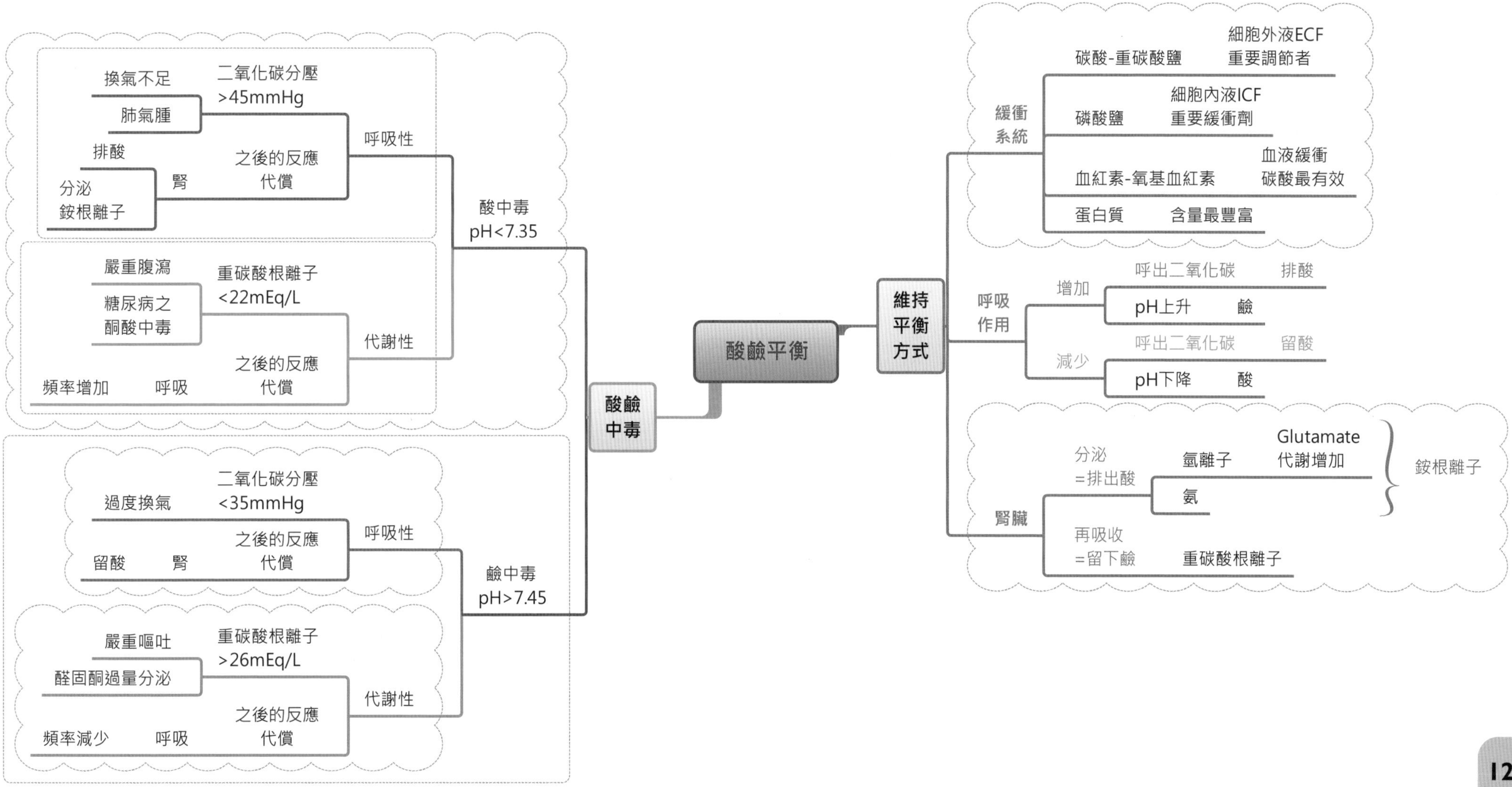

酸鹼中毒

酸鹼平衡

維持平衡方式

酸中毒 pH<7.35

呼吸性

換氣不足
肺氣腫 → 二氧化碳分壓 >45mmHg

排酸
分泌 銨根離子 → 腎 → 之後的反應 代償

代謝性

嚴重腹瀉
糖尿病之酮酸中毒 → 重碳酸根離子 <22mEq/L

頻率增加 呼吸 → 之後的反應 代償

鹼中毒 pH>7.45

呼吸性

過度換氣 → 二氧化碳分壓 <35mmHg

留酸 腎 → 之後的反應 代償

代謝性

嚴重嘔吐
醛固酮過量分泌 → 重碳酸根離子 >26mEq/L

頻率減少 呼吸 → 之後的反應 代償

維持平衡方式

緩衝系統

碳酸-重碳酸鹽 → 細胞外液ECF 重要調節者

磷酸鹽 → 細胞內液ICF 重要緩衝劑

血紅素-氧基血紅素 → 血液緩衝 碳酸最有效

蛋白質 含量最豐富

呼吸作用

增加 → 呼出二氧化碳 排酸 → pH上升 鹼

減少 → 呼出二氧化碳 留酸 → pH下降 酸

腎臟

分泌 =排出酸 → 氫離子 → Glutamate 代謝增加 氨 → 銨根離子

再吸收 =留下鹼 → 重碳酸根離子

課後複習

1. 分泌腎素 (renin) 的細胞是由下列哪一條血管的平滑肌特化而來？(A) 出球小動脈 (efferent arteriole)　(B) 入球小動脈 (afferent arteriole)　(C) 小葉間動脈 (interlobular artery)　(D) 腎小管周圍微血管 (peritubular capillary)。

2. 若缺乏抗利尿激素並且限水時，血漿滲透度 (Posm)、血漿鈉離子濃度 最可能是下列何種變化？(A) Posm 降低、血漿鈉離子降低　(B) Posm 降低、血漿鈉離子升高　(C) Posm 升高、血漿鈉離子降低　(D) Posm 升高、血漿鈉離子升高。

3. 有關腎絲球過濾率 (GFR) 調控的敘述，下列何者正確？(A) 動脈壓上升使 GFR 下降　(B) 出球小動脈舒張使 GFR 上升　(C) 血漿中白蛋白濃度增加使 GFR 上升　(D) 交感神經對入球小動脈的作用使 GFR 下降。

4. 下列哪一種器官主要負責尿液 (urine) 的形成？(A) 腎臟 (kidney)　(B) 輸尿管 (ureter)　(C) 膀胱 (urinary bladder)　(D) 尿道 (urethra)。

5. 腎臟對水的再吸收與下列何種離子最為相關？(A) 鈉離子　(B) 鉀離子　(C) 磷離子　(D) 氫離子。

6. 在腎臟的近曲小管中，鈉離子主要與下列何種物質共同運輸進入上皮細胞？(A) 氫離子　(B) 鈣離子　(C) 葡萄糖　(D) 碳酸氫根離子。

7. 腎小體 (renal corpuscle) 的過濾膜 (filtration membrane)，不含下列哪一構造？(A) 腎絲球血管的內皮 (glomerular endothelium)　(B) 腎絲球的基底膜 (basal membrance of glomerulus)　(C) 鮑氏囊的壁層 (parietal layer of Bowman's capsule)　(D) 鮑氏囊的臟層 (visceral layer of Bowman's capsule)。

8. 健康檢查中檢測腎功能的常用指標，下列何者正確？(A) 肌酸酐　(B) 菊糖　(C) 葡萄糖　(D) 脂肪酸。

9. 下列動脈血氣體分析的結果由左到右分別為 pH 值、$PaCO_2$ (mmHg)、HCO_3^- (mM)，何者屬於未代償的呼吸性鹼中毒？(A) 7.25、66、28　(B) 7.40、60、37　(C) 7.51、29、22　(D) 7.57、42、37。

10. 有關體內維持酸鹼平衡的敘述，下列何者錯誤？(A) 腎臟近曲小管可藉由次級主動運輸分泌氫離子　(B) 重碳酸根離子與氫離子結合後分解成二氧化碳和水　(C) 醛固酮過量分泌會造成腎小管性酸中毒　(D) 降低血管收縮素 II 分泌會降低氫離子分泌。

11. 下列何種構造的細胞具有大量的微絨毛 (microvilli)？(A) 腎絲球 (glomerulus)　(B) 亨利氏環 (loop of Henle)　(C) 遠曲小管 (distal convoluted tubule)　(D) 近曲小管 (proximal convoluted tubule)。

12. 下列何種情況最可能增加人體腎小管的鉀離子分泌？(A) 腎素 (renin) 分泌增加　(B) 血漿鉀離子濃度過低　(C) 血管收縮素轉化酶 (angiotensin-converting enzyme) 活性下降　(D) 心房鈉尿肽 (atrial natriuretic peptide) 分泌增加。

13. 下列何者可降低腎臟尿液濃縮的能力？(A) 增加集尿管對水的通透性　(B) 增加近端腎小管內甘露醇濃度　(C) 活化亨利氏環 $Na^+/K^+/2Cl^-$ 共同運輸　(D) 活化碳酸酐酶 (carbonic anhydrase)。

14. 下列何者是腎小管對於代謝性酸中毒 (metabolic acidosis) 的主要反應？(A) 銨離子 (NH_4^+) 分泌增加　(B) 碳酸氫根離子 (HCO_3^-) 再吸收減少　(C) 氫離子 (H^+) 分泌減少　(D) 甘胺酸 (glycine) 再吸收增加。

15. 有關排尿，副交感神經興奮會造成下列何種現象？(A) 膀胱逼尿肌與尿道內括約肌皆收縮　(B) 膀胱逼尿肌收縮，尿道內括約肌放鬆　(C) 膀胱逼尿肌與尿道內括約肌皆放鬆　(D) 膀胱逼尿肌放鬆，尿道內括約肌收縮。

16. 高鉀食物會造成下列哪一段腎小管增加鉀的分泌？ (A) 近曲小管　(B) 亨式彎管上行支　(C) 亨式彎管下行支　(D) 集尿管。

17. 下列何者是由入球小動脈 (afferent arteriole) 的管壁平滑肌細胞特化形成，能分泌腎活素 (renin) 調節血壓？ (A) 緻密斑細胞 (macula densa cells)　(B) 近腎絲球細胞 (juxtaglomerular cells)　(C) 腎小球系膜細胞 (mesangial cells)　(D) 足細胞 (podocytes)。

18. 哪一段腎小管對水的滲透性最低？ (A) 近曲小管　(B) 亨式彎管上行支　(C) 遠曲小管　(D) 集尿管。

19. 下列何者是人體細胞外液最重要的緩衝系統？ (A) 重碳酸根　(B) 蛋白質　(C) 磷酸根　(D) 血紅素。

20. 腎循環中直血管 (vasa recta) 的血液，主要是由下列哪一條血管直接匯入？ (A) 弓狀靜脈 (arcuate vein)　(B) 小葉間靜脈 (interlobular vein)　(C) 出球小動脈 (efferent arteriole)　(D) 管周圍微血管 (peritubular capillaries)。

21. 下列何者最接近人體腎絲球之血液靜水壓？ (A) 12 mmHg　(B) 25 mmHg　(C) 60 mmHg　(D) 120 mmHg。

22. 身體健康時，下列物質的腎臟清除率 (renal clearance) 由大至小排序為何？ (1) 葡萄糖 (glucose) (2) 肌酸酐 (creatinine) (3) 尿素 (urea) (4) 對胺基馬尿酸 (para-aminohippuric acid)。 (A) 1234　(B) 2314　(C) 4231　(D) 4321。

23. 下列哪一段腎小管 (renal tubule) 的管壁細胞最為扁平？ (A) 近曲小管 (proximal convoluted tubule)　(B) 亨利氏環 (loop of Henle)　(C) 遠曲小管 (distal convoluted tubule)　(D) 集尿管 (collecting duct)。

24. 腎小球濾液與血漿的組成，主要差異為下列何者？ (A) 白血球　(B) 紅血球　(C) 蛋白質　(D) 核甘酸。

25. 下列何者是維持亨利氏環下行支水分再吸收的因素？ (A) 氫離子　(B) 氯離子　(C) 尿素　(D) 鉀離子。

26. 當每分鐘腎臟之葡萄糖過濾量大於葡萄糖之最大運輸速率 (transport maximum) 時，下列何者最可能發生？ (A) 糖尿　(B) 寡尿　(C) 血尿　(D) 無尿。

27. 下列哪一構造可以直接將尿液匯流到腎盂 (renal pelvis)？ (A) 輸尿管 (ureter)　(B) 大腎盞 (major calyx)　(C) 集尿管 (collecting duct)　(D) 遠曲小管 (distal convoluted tubule)。

28. 血管加壓素 (vasopressin) 對集尿管上皮細胞的作用為何？ (A) 減少磷脂酶 C (phospholipase C) 活性及水分再吸收　(B) 減少腺苷酸環化酶活性及水分再吸收　(C) 增加腺苷酸環化酶活性及水分再吸收　(D) 增加磷脂酶 C 活性及水分再吸收。

29. 腎臟 (kidney) 的何部位具有腎絲球 (glomerulus) 的構造？ (A) 腎皮質 (renal cortex)　(B) 小腎盞 (minor calyx)　(C) 腎錐體 (renal pyramid)　(D) 腎乳頭 (renal papilla)。

30. 下列構造何者可以進行腎臟之逆流交換 (counter-current exchange)？ (A) 入球小動脈 (afferent arteriole)　(B) 腎絲球 (glomerulus)　(C) 出球小動脈 (efferent arteriole)　(D) 直血管 (vesa recta)。

解　答

1.B	2.D	3.D	4.A	5.A	6.C	7.C	8.A	9.C	10.D
11.D	12.A	13.B	14.A	15.B	16.D	17.B	18.B	19.A	20.C
21.C	22.C	23.B	24.C	25.C	26.A	27.B	28.C	29.A	30.D

12

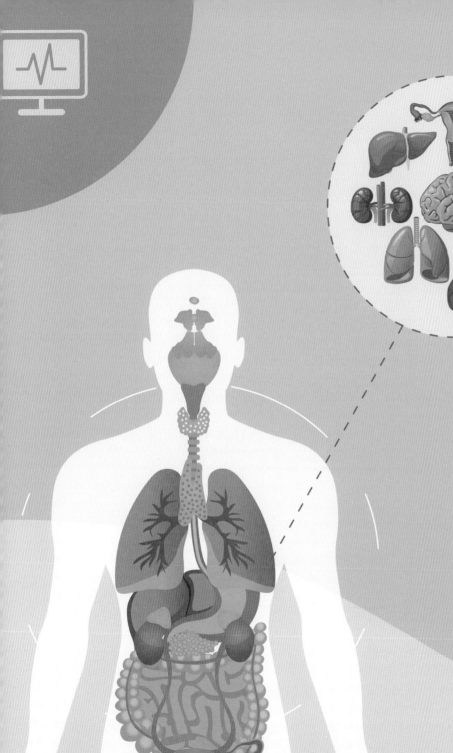

CHAPTER **13**

內分泌系統 ●

Endocrine System

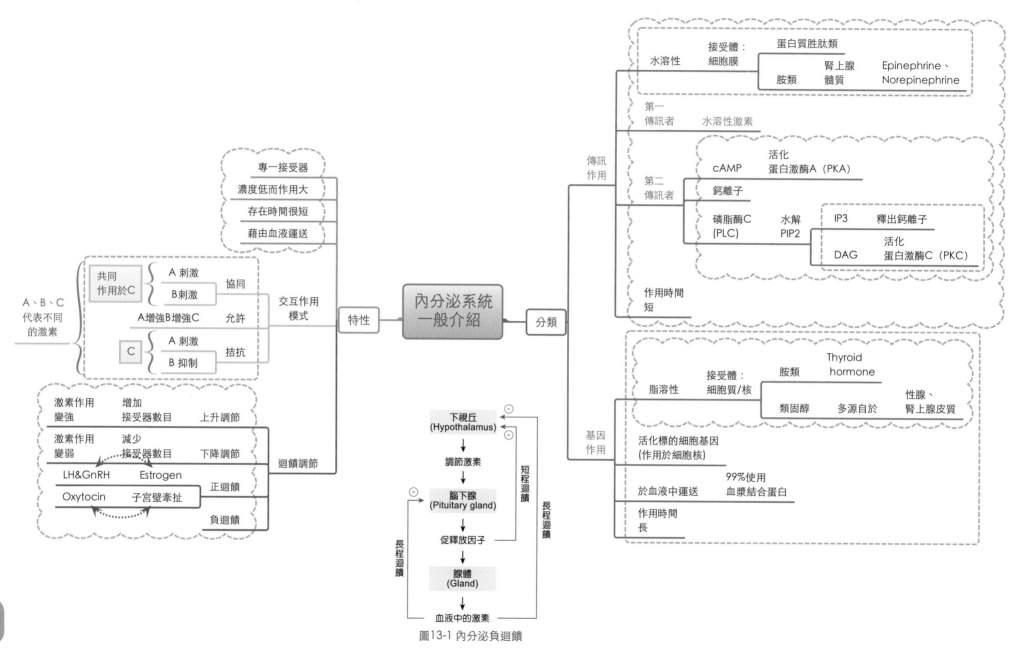

圖13-1 內分泌負迴饋

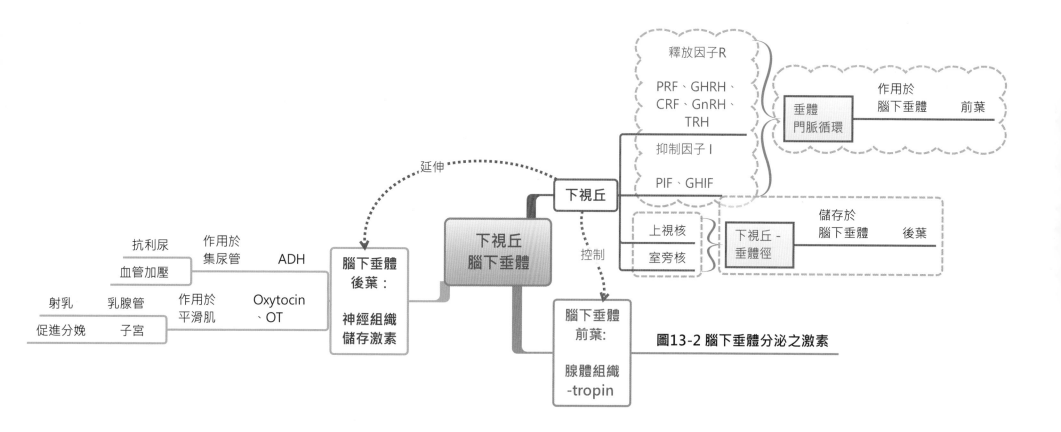

圖13-2 腦下垂體分泌之激素

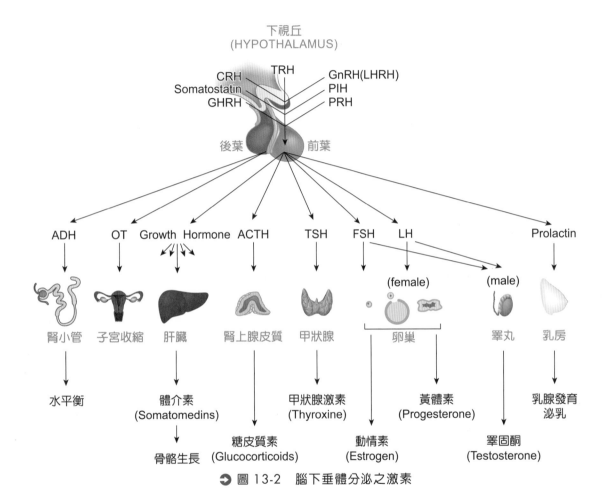

下視丘
(HYPOTHALAMUS)

CRH　TRH　GnRH(LHRH)
Somatostatin　　　PIH
GHRH　　　PRH

後葉　　前葉

ADH　OT　Growth Hormone　ACTH　TSH　FSH　LH　　Prolactin

(female)　(male)

腎小管　子宮收縮　肝臟　腎上腺皮質　甲狀腺　卵巢　睪丸　乳房

水平衡　　體介素
(Somatomedins)　　甲狀腺激素
(Thyroxine)　黃體素
(Progesterone)　乳腺發育
泌乳

骨骼生長　糖皮質素
(Glucocorticoids)　動情素
(Estrogen)　睪固酮
(Testosterone)

➔ 圖 13-2　腦下垂體分泌之激素

13

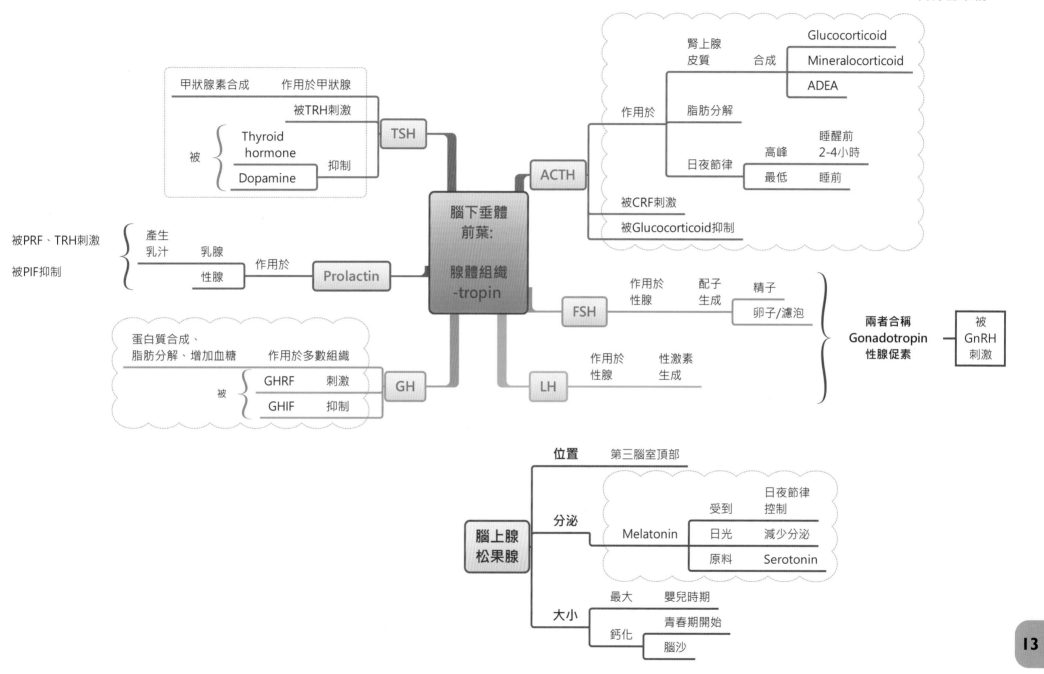

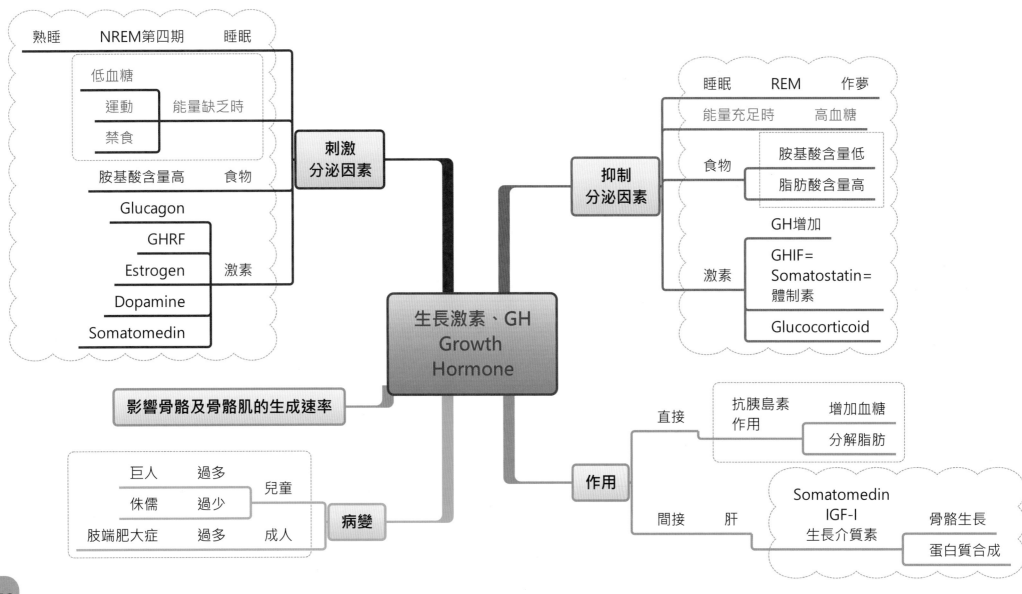

生長激素、GH Growth Hormone

刺激分泌因素
- 睡眠 — NREM第四期 — 熟睡
- 能量缺乏時 — 低血糖／運動／禁食
- 食物 — 胺基酸含量高
- 激素 — Glucagon／GHRF／Estrogen／Dopamine／Somatomedin

抑制分泌因素
- 睡眠 — REM — 作夢
- 能量充足時 — 高血糖
- 食物 — 胺基酸含量低／脂肪酸含量高
- 激素 — GH增加／GHIF＝Somatostatin＝體制素／Glucocorticoid

影響骨骼及骨骼肌的生成速率

病變
- 兒童 — 巨人（過多）／侏儒（過少）
- 成人 — 肢端肥大症（過多）

作用
- 直接 — 抗胰島素作用 — 增加血糖／分解脂肪
- 間接 — 肝 — Somatomedin IGF-I 生長介質素 — 骨骼生長／蛋白質合成

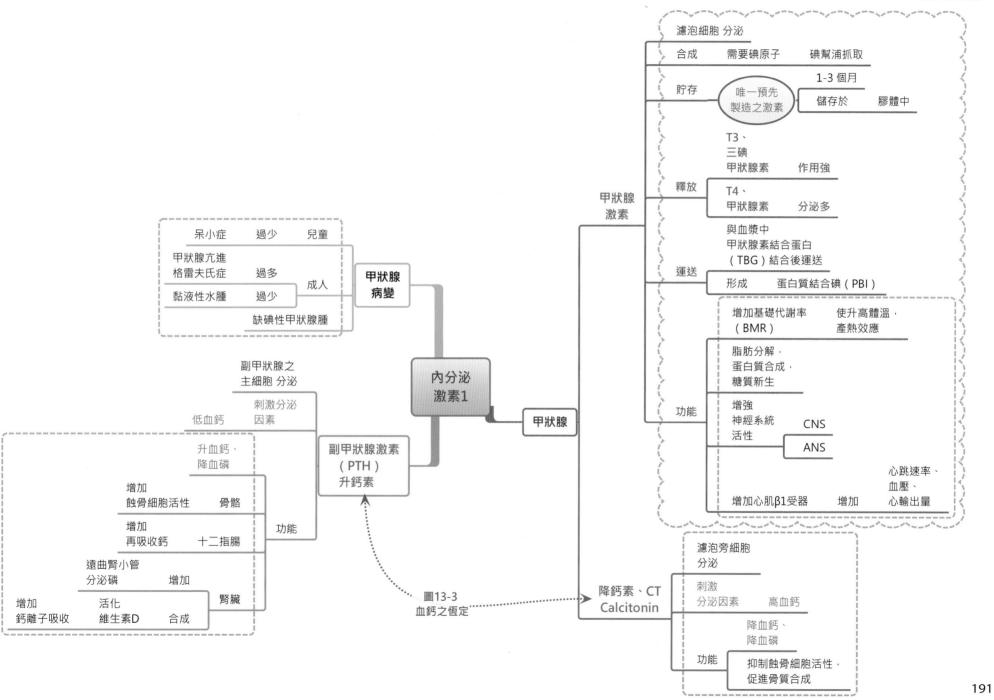

內分泌系統

濾泡細胞 分泌

合成　需要碘原子　碘幫浦抓取

貯存　唯一預先製造之激素　1-3 個月　儲存於　膠體中

釋放　T3、三碘甲狀腺素　作用強

T4、甲狀腺素　分泌多

運送　與血漿中甲狀腺素結合蛋白（TBG）結合後運送

形成　蛋白質結合碘（PBI）

功能　增加基礎代謝率（BMR）　使升高體溫，產熱效應

脂肪分解，蛋白質合成，糖質新生

增強神經系統活性　CNS　ANS

增加心肌β1受器　增加　心跳速率、血壓、心輸出量

甲狀腺激素

甲狀腺

甲狀腺病變

呆小症　過少　兒童

甲狀腺亢進格雷夫氏症　過多　成人

黏液性水腫　過少

缺碘性甲狀腺腫

內分泌激素1

副甲狀腺之主細胞 分泌

刺激分泌因素　低血鈣

升血鈣、降血磷

增加蝕骨細胞活性　骨骼

增加再吸收鈣　十二指腸

遠曲腎小管分泌磷　增加

增加鈣離子吸收　活化維生素D　合成　腎臟

功能

副甲狀腺激素（PTH）升鈣素

圖13-3 血鈣之恆定

降鈣素、CT Calcitonin

濾泡旁細胞分泌

刺激分泌因素　高血鈣

降血鈣、降血磷

功能　抑制蝕骨細胞活性，促進骨質合成

13

191

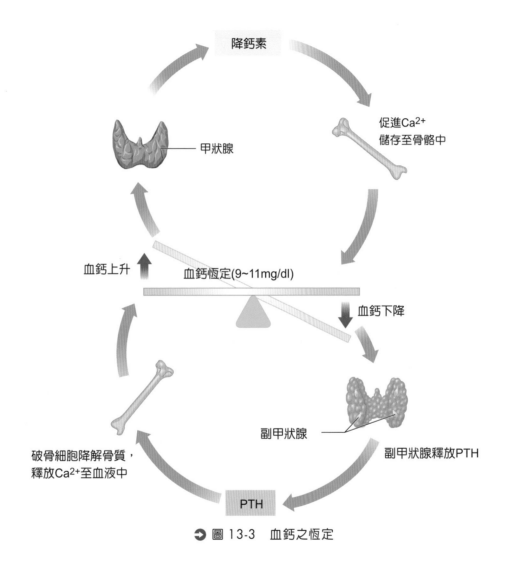

降鈣素

促進Ca²⁺
儲存至骨骼中

甲狀腺

血鈣上升

血鈣恆定(9~11mg/dl)

血鈣下降

破骨細胞降解骨質，
釋放Ca²⁺至血液中

副甲狀腺

副甲狀腺釋放PTH

PTH

➔ 圖 13-3　血鈣之恆定

13

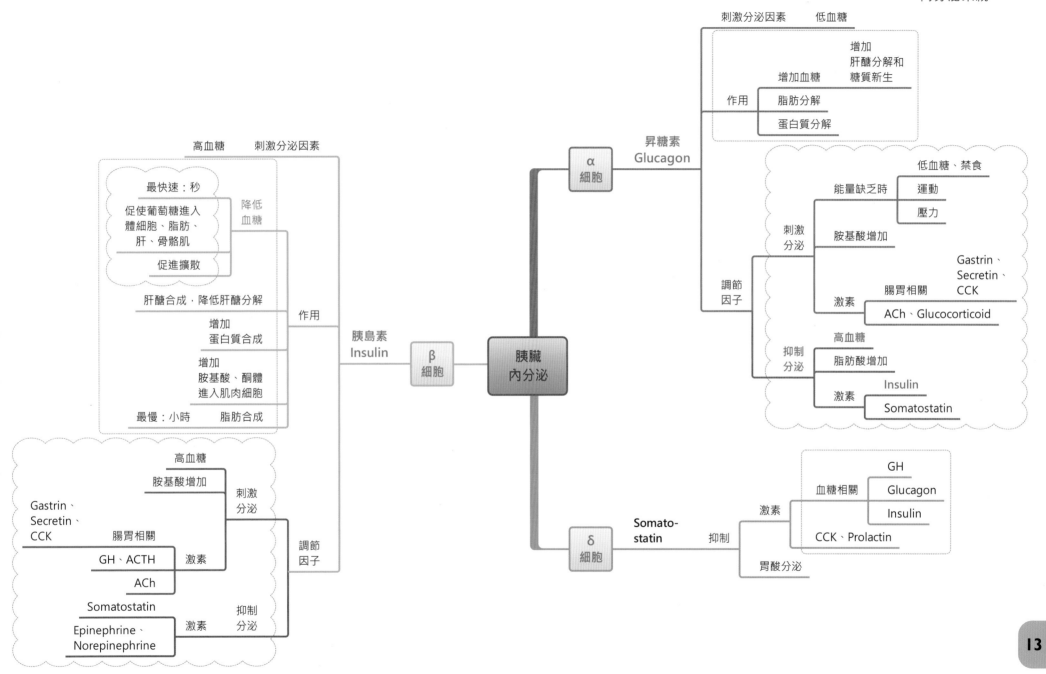

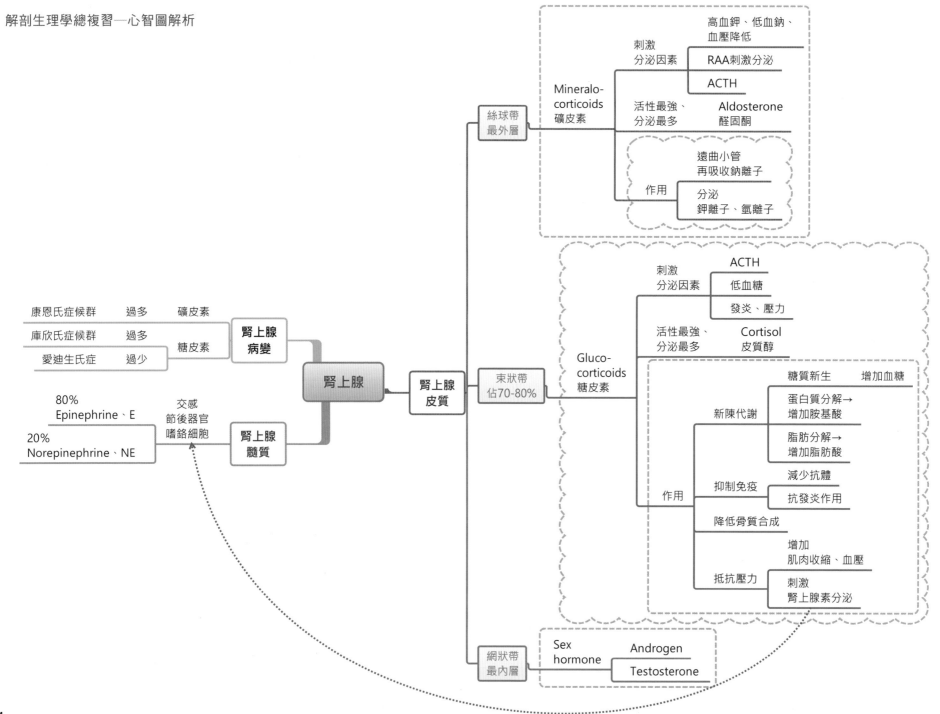

課後複習

1. 下列何者是由細胞膜磷脂質 (phospholipids) 所形成？ (A) 1, 25- 雙羥膽利鈣醇 (1, 25- $(OH)_2$- cholecalciferol) (B) 生長激素 (growth hormone) (C) 前列腺素 (prostaglandin) (D) 雌激素 (estrogen)。

2. 下列關於內分泌細胞的敘述，何者錯誤？ (A) 松果腺細胞分泌褪黑素 (melatonin) (B) 胰臟 alpha 細胞分泌升糖素 (glucagon) (C) 副甲狀腺主細胞 (chief cells) 分泌副甲狀腺素 (parathyroid hormone) (D) 腎上腺皮質絲球帶細胞 (zona glomerulosa cells) 分泌糖皮質激素 (glucocorticoid)。

3. 體抑素 (somatostatin) 最主要抑制下列何種激素的分泌？ (A) 甲狀腺素 (T_4) (B) 生長激素 (GH) (C) 催產素 (oxytocin) (D) 泌乳素 (prolactin)。

4. 胰臟蘭氏小島 (islets of Langerhans) 中的哪一種細胞會分泌體制素 (somatostatin)？ (A) α 細胞 (B) β 細胞 (C) δ 細胞 (D) F 細胞。

5. 有關心房利鈉胜肽 (atrial natriuretic peptide, ANP) 的敘述，下列何者正確？ (A) ANP 化學結構為醣蛋白類 (glycoprotein) (B) 血量增加使心房牽張時 ANP 分泌增加 (C) 可促進腎小管對鈉離子的再吸收 (D) 可導致腎絲球過濾率 (GFR) 降低。

6. 有關腎上腺皮質促素依賴型庫欣氏症候群 (ACTH-dependent Cushing's syndrome) 的症狀，下列何者錯誤？ (A) 高血壓 (B) 高血糖 (C) 高血鉀 (D) 骨質疏鬆。

7. 腦下垂體細胞 HE 染色的特性與其功能的敘述，下列何者錯誤？ (A) 嗜酸性細胞分泌促腎上腺皮質素 (adrenocorticortropic hormone) (B) 無顆粒難染細胞 (chromophobes) 分泌促腎上腺皮質素 (adrenocorticortropic hormone) (C) 嗜鹼性細胞分泌促甲狀腺素 (thyroid-stimulating hormone) (D) 嗜鹼性細胞分泌濾泡刺激素 (follicle-stimulating hormone)。

8. 褪黑激素 (melatonin) 主要由腦部哪一區域的腺體所分泌？ (A) 下視丘 (hypothalamus) (B) 上視丘 (epithalamus) (C) 視丘 (thalamus) (D) 前額葉皮質 (prefrontal cortex)。

9. 下列何種激素最可能造成血管平滑肌的收縮？ (A) 醛固酮 (aldosterone) (B) 副甲狀腺素 (PTH) (C) 抗利尿激素 (ADH) (D) 多巴胺 (dopamine)。

10. 甲狀腺激素 (thyroid hormone) 合成的第一個步驟，下列過程何者正確？ (A) 酪胺酸 (tyrosine) 的碘化 (B) 甲狀腺素 (T_4) 轉變為三碘甲狀腺素 (T_3) (C) 雙碘酪胺酸 (DIT) 與單碘酪胺酸 (MIT) 結合 (D) 碘離子 (I^-) 轉換為碘分子 (I_2)。

11. 下列何種器官不釋放內分泌激素？ (A) 心臟 (B) 腎臟 (C) 脾臟 (D) 胃。

12. 人體甲狀腺激素 (thyroid hormone) 分泌不足時，最可能出現下列何種症狀？ (A) 對熱耐受性不足 (B) 醣類的異化作用提升 (C) 蛋白質同化作用提升 (D) 心輸出量降低。

13. 葛瑞夫氏症 (Graves' disease) 的患者，血漿中何種物質濃度會下降？ (A) 甲狀腺素 (T_4) (B) 甲狀腺刺激素 (TSH) (C) 雙碘酪胺酸 (DIT) (D) 三碘甲狀腺素 (T_3)。

14. 下列何種類型的病人，會有促腎上腺皮質素 (ACTH) 大量分泌的情況？ (A) 愛迪生氏症 (Addison's disease) (B) 接受糖皮質固酮 (glucocorticoid) 治療 (C) 原發性腎上腺皮質增生症 (D) 血管張力素 II (angiotensin II) 分泌過多。

15. 嗜鉻性細胞 (chromaffin cells) 主要位於下列何構造中？ (A) 腎上腺皮質 (cortex of adrenal gland) (B) 腎上腺髓質 (medulla of adrenal gland) (C) 甲狀腺 (thyroid gland) (D) 松果腺 (pineal gland)。

16. 下列何種激素的作用，最可能抑制個體生長？ (A) 皮質醇 (cortisol) (B) 體介素 (somatomedins) (C) 甲狀腺素 (thyroid hormone) (D) 胰島素 (insulin)。

13

17. 分泌黑色素細胞刺激素 (melanocyte-stimulating hormone) 的細胞位於下列何處？(A) 下視丘 (hypothalamus) (B) 腦下腺 (pituitary gland) (C) 腎上腺 (adrenal gland) (D) 松果腺 (pineal gland)。

18. 一位 50 歲的婦人因腫瘤而切除腦下腺，在沒有後續藥物治療時，最可能發生下列何種情況？(A) 血鈣上升 (B) 血糖上升 (C) 基礎代謝率上升 (D) 排尿量增加。

19. 醛固酮 (aldosterone) 分泌過量的症狀，下列何者錯誤？(A) 高血壓 (B) 低血鉀 (C) 低血鈉 (D) 代謝性鹼中毒。

20. 下列有關腎上腺素 (epinephrine) 第二傳訊者的作用路徑，何者正確？（PDE ＝磷酸雙酯酶；cAMP ＝環化腺苷單磷酸；PKA ＝蛋白質激酶 A；AC＝ 腺苷環酶）(A) PDE 活化→形成 cAMP →活化 PKA →蛋白質磷酸化 (B) PDE 活化→形成 cAMP →蛋白質磷酸化→活化 PKA (C) AC 活化→形成 cAMP →蛋白質磷酸化→活化 PKA (D) AC 活化→形成 cAMP →活化 PKA →蛋白質磷酸化。

21. 下列有關甲狀腺素 (thyroxine, T_4) 的敘述，何者正確？(A) 主要與標的細胞 (target cell) 膜上的接受器結合而作用 (B) 抵達標的細胞後可被轉變為活性較強的激素 (C) 在血液中主要以游離態 (free form) 運送 (D) 分泌後的半衰期較一般蛋白類激素短。

22. 下列有關內分泌腺的敘述，何者正確？(A) 女性不分泌雄性素 (B) 腦下腺前葉分泌濾泡刺激素 (C) 腦下腺前葉分泌的激素只作用在內分泌腺上 (D) 腦下腺後葉釋出的催產素可刺激乳腺製造乳汁。

23. 腎上腺素 (epinephrine) 會直接造成下列何種反應？(A) 睫狀肌 (ciliary muscle) 收縮 (B) 唾液分泌 (salivation) 減少 (C) 肝醣合成 (hepaticglycogensynthesis) 增加 (D) 增加心臟收縮強度降低。

24. 下列何者分泌不足可能導致呆小症 (cretinism)？(A) 甲狀腺素 (thyroxine) (B) 生長激素 (growth hormone) (C) 胰島素 (insulin) (D) 濾泡刺激素 (follicle-stimulating hormone)。

25. 松果腺 (pineal gland) 位於何處？(A) 第三腦室底部 (B) 第三腦室頂部 (C) 第四腦室底部 (D) 第四腦室頂部。

26. 下列何種激素由腺體分泌後，可被轉變為更具活性的形式？(A) 三碘甲狀腺素 (triiodothyronine, T_3) (B) 逆三碘甲狀腺素 (reverse triiodothyronine, rT_3) (C) 血管張力素 II (angiotensin II) (D) 睪固酮 (testosterone)。

27. 一位 50 歲女性有低血鈣、高血磷與低尿磷等症狀，注射副甲狀腺素 (PTH) 治療會增加尿液中 cAMP 的濃度，此女士可能罹患下列何種疾病？(A) 原發性副甲狀腺機能亢進 (B) 次發性副甲狀腺機能亢進 (C) 原發性副甲狀腺機能低下 (D) 次發性副甲狀腺機能低下。

28. 下列有關濾泡旁細胞 (parafollicular cells) 的敘述，何者正確？(A) 能製造降鈣素 (calcitonin) (B) 能製造三碘甲狀腺素 (triiodothyronine) (C) 為副甲狀腺 (parathyroid gland) 的主要細胞 (D) 與交感神經節後神經元 (postganglionic neuron) 同源。

29. 當飲食缺碘時導致甲狀腺腫大，其血中激素濃度變化為何？(A) T_3、T_4 均上升，甲狀腺刺激素 (TSH) 下降，促甲狀腺素釋素 (TRH) 上升 (B) T_3、T_4 均上升，甲狀腺刺激素 (TSH) 上升，促甲狀腺素釋素 (TRH) 下降 (C) T_3、T_4 均下降，甲狀腺刺激素 (TSH) 下降，促甲狀腺素釋素 (TRH) 下降 (D) T_3、T_4 均下降，甲狀腺刺激素 (TSH) 上升，促甲狀腺素釋素 (TRH) 上升。

30. 哺乳時嬰兒吸吮媽媽的乳頭，會導致哪些激素的分泌？(1) 泌乳素 (prolactin) (2) 催產素 (oxytocin) (3) 性釋素 (GnRH)。(A) 12 (B) 13 (C) 23 (D) 123。

解 答

1.C	2.D	3.B	4.C	5.B	6.C	7.A	8.B	9.C	10.D
11.C	12.D	13.B	14.A	15.B	16.A	17.B	18.D	19.C	20.D
21.B	22.B	23.B	24.A	25.B	26.D	27.C	28.A	29.D	30.A

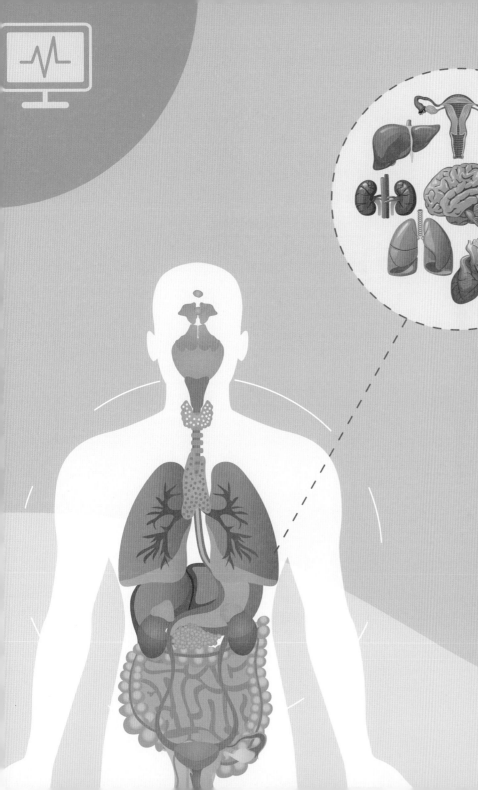

CHAPTER 14

生殖系統

Reproductive System

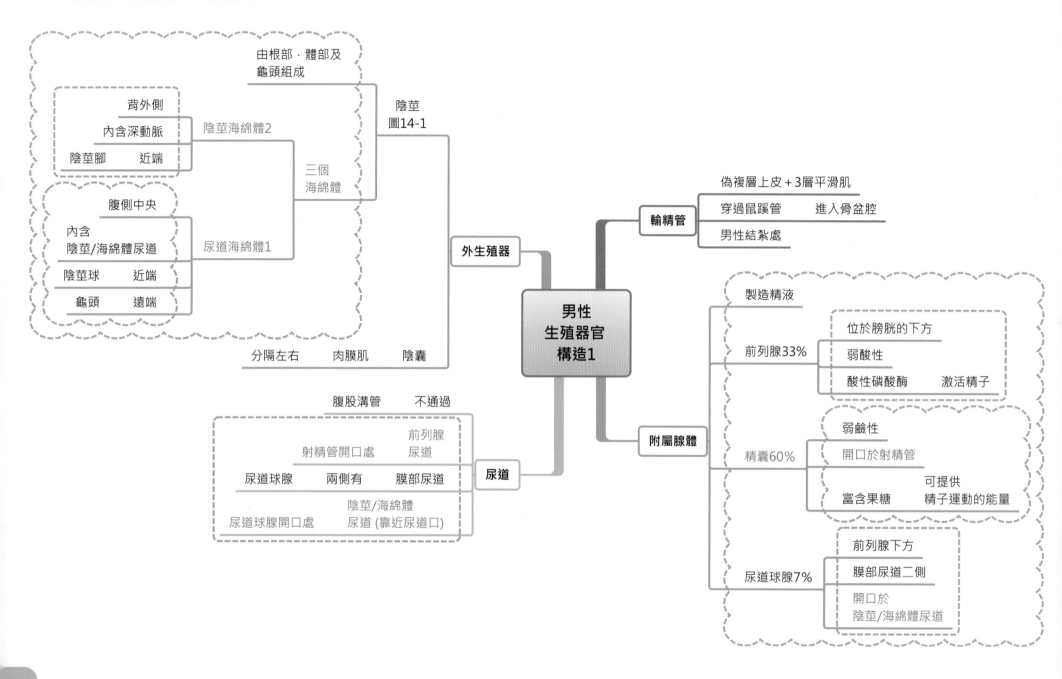

由根部,體部及龜頭組成

陰莖
圖14-1

背外側
內含深動脈
陰莖腳　近端

陰莖海綿體2

三個
海綿體

腹側中央
內含
陰莖/海綿體尿道
陰莖球　近端
龜頭　遠端

尿道海綿體1

外生殖器

分隔左右　肉膜肌　陰囊

腹股溝管　不通過

前列腺
射精管開口處　尿道
尿道球腺　兩側有　膜部尿道
陰莖/海綿體
尿道球腺開口處　尿道 (靠近尿道口)

尿道

男性
生殖器官
構造1

偽複層上皮 + 3層平滑肌
穿過鼠蹊管　進入骨盆腔
男性結紮處

輸精管

製造精液

位於膀胱的下方
前列腺33%　弱酸性
酸性磷酸酶　激活精子

附屬腺體

弱鹼性
精囊60%　開口於射精管
可提供
富含果糖　精子運動的能量

前列腺下方
尿道球腺7%　膜部尿道二側
開口於
陰莖/海綿體尿道

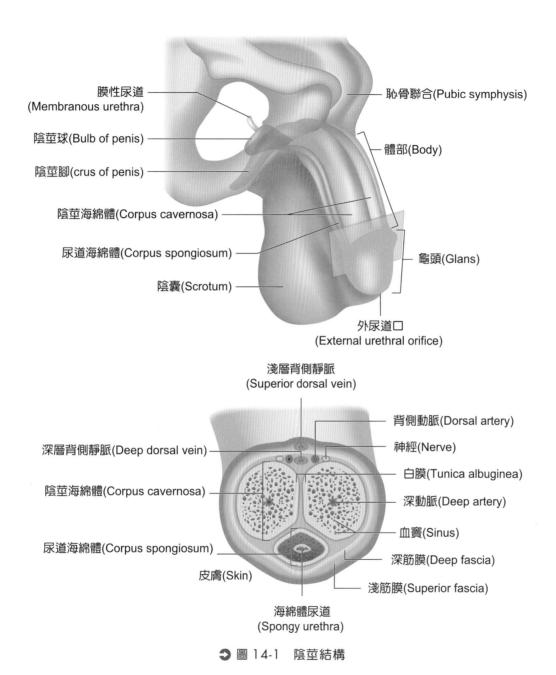

膜性尿道
(Membranous urethra)

恥骨聯合(Pubic symphysis)

陰莖球(Bulb of penis)

體部(Body)

陰莖腳(crus of penis)

陰莖海綿體(Corpus cavernosa)

尿道海綿體(Corpus spongiosum)

龜頭(Glans)

陰囊(Scrotum)

外尿道口
(External urethral orifice)

淺層背側靜脈
(Superior dorsal vein)

背側動脈(Dorsal artery)

深層背側靜脈(Deep dorsal vein)

神經(Nerve)

白膜(Tunica albuginea)

陰莖海綿體(Corpus cavernosa)

深動脈(Deep artery)

尿道海綿體(Corpus spongiosum)

血竇(Sinus)

皮膚(Skin)

深筋膜(Deep fascia)

淺筋膜(Superior fascia)

海綿體尿道
(Spongy urethra)

● 圖 14-1　陰莖結構

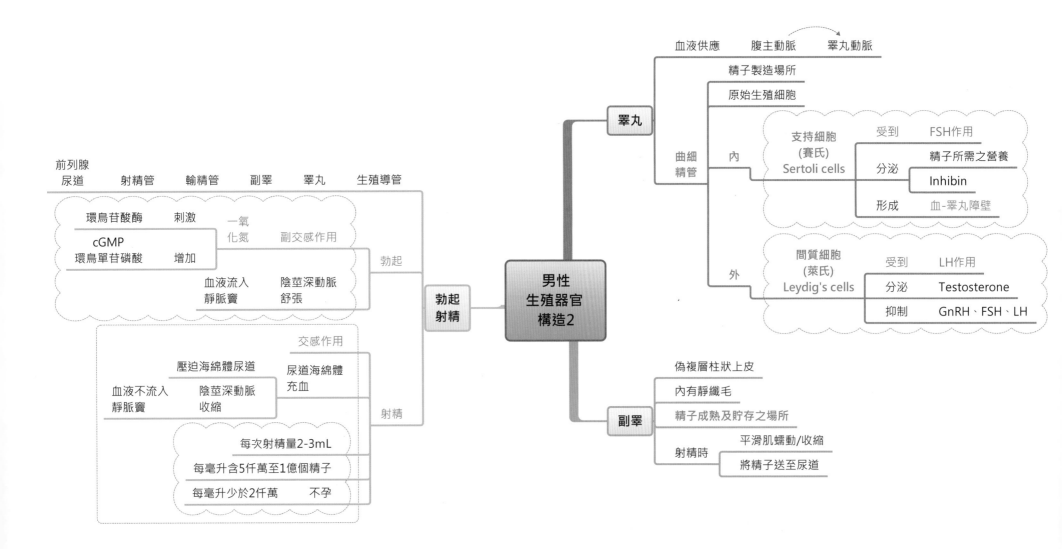

血液供應　　腹主動脈　　睪丸動脈

睪丸

精子製造場所

原始生殖細胞

曲細精管

內

支持細胞
(賽氏)
Sertoli cells

受到　　FSH作用

分泌　　精子所需之營養

Inhibin

形成　　血-睪丸障壁

外

間質細胞
(萊氏)
Leydig's cells

受到　　LH作用

分泌　　Testosterone

抑制　　GnRH、FSH、LH

男性
生殖器官
構造2

前列腺
尿道　　射精管　　輸精管　　副睪　　睪丸　　生殖導管

環鳥苷酸酶　　刺激

cGMP
環鳥單苷磷酸　　增加

一氧
化氮　　副交感作用

勃起

血液流入
靜脈竇　　陰莖深動脈
舒張

勃起
射精

壓迫海綿體尿道

交感作用

尿道海綿體
充血

血液不流入
靜脈竇　　陰莖深動脈
收縮

射精

每次射精量2-3mL

每毫升含5仟萬至1億個精子

每毫升少於2仟萬　　不孕

副睪

偽複層柱狀上皮

內有靜纖毛

精子成熟及貯存之場所

射精時

平滑肌蠕動/收縮

將精子送至尿道

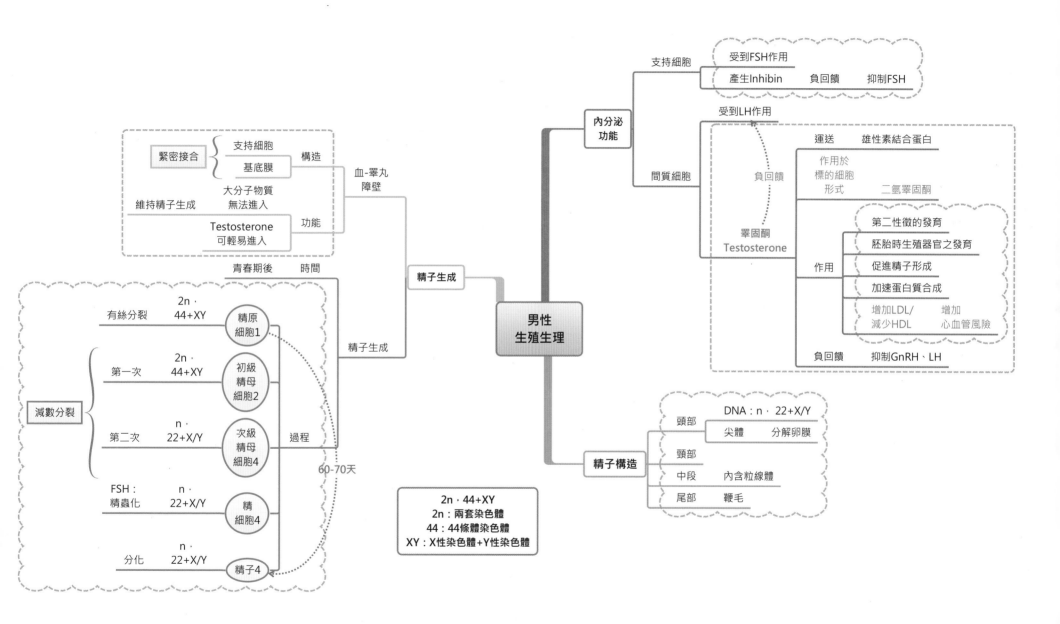

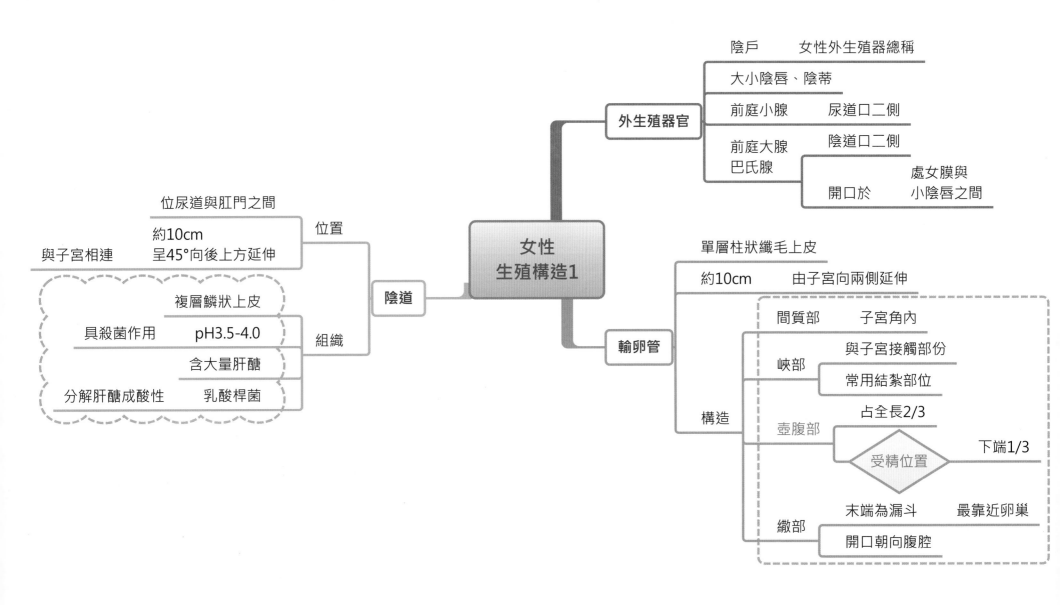

女性外生殖器總稱 — 陰戶

外生殖器官
- 陰戶　女性外生殖器總稱
- 大小陰唇、陰蒂
- 前庭小腺　尿道口二側
- 前庭大腺　陰道口二側
  巴氏腺
  - 開口於　處女膜與小陰唇之間

女性生殖構造1

陰道
- 位置
  - 位尿道與肛門之間
  - 約10cm
  - 與子宮相連　呈45°向後上方延伸
- 組織
  - 複層鱗狀上皮
  - 具殺菌作用　pH3.5-4.0
  - 含大量肝醣
  - 分解肝醣成酸性　乳酸桿菌

輸卵管
- 單層柱狀纖毛上皮
- 約10cm　由子宮向兩側延伸
- 構造
  - 間質部　子宮角內
  - 峽部
    - 與子宮接觸部份
    - 常用結紮部位
  - 壺腹部
    - 占全長2/3
    - 受精位置　下端1/3
  - 繳部
    - 末端為漏斗　最靠近卵巢
    - 開口朝向腹腔

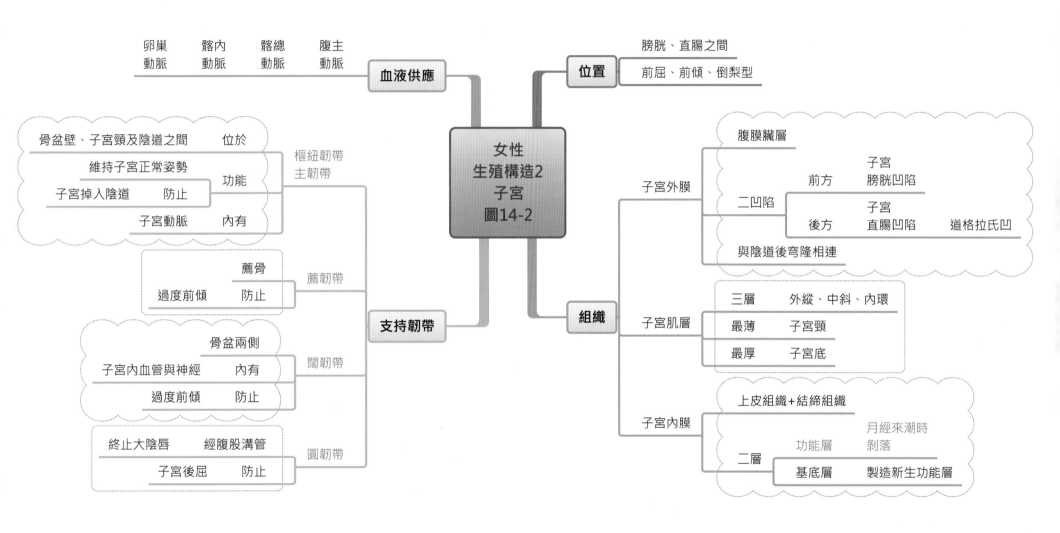

血液供應
卵巢動脈　髂內動脈　髂總動脈　腹主動脈

位置
膀胱、直腸之間
前屈、前傾、倒梨型

女性
生殖構造2
子宮
圖14-2

支持韌帶

樞紐韌帶
主韌帶
位於　骨盆壁、子宮頸及陰道之間
功能　維持子宮正常姿勢
防止　子宮掉入陰道
內有　子宮動脈

薦韌帶
薦骨
防止　過度前傾

闊韌帶
骨盆兩側
內有　子宮內血管與神經
防止　過度前傾

圓韌帶
經腹股溝管　終止大陰唇
防止　子宮後屈

組織

子宮外膜
腹膜臟層
二凹陷
　前方　子宮膀胱凹陷
　後方　子宮直腸凹陷　道格拉氏凹
與陰道後穹隆相連

子宮肌層
三層　外縱、中斜、內環
最薄　子宮頸
最厚　子宮底

子宮內膜
上皮組織+結締組織
二層
　功能層　月經來潮時剝落
　基底層　製造新生功能層

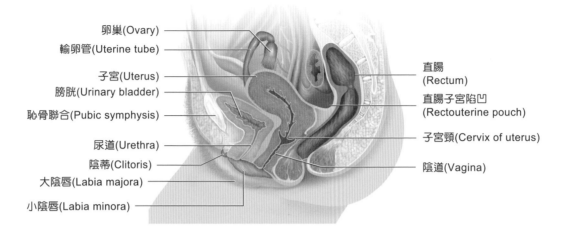

卵巢(Ovary)
輸卵管(Uterine tube)
子宮(Uterus)
膀胱(Urinary bladder)
恥骨聯合(Pubic symphysis)
尿道(Urethra)
陰蒂(Clitoris)
大陰唇(Labia majora)
小陰唇(Labia minora)

直腸(Rectum)
直腸子宮陷凹(Rectouterine pouch)
子宮頸(Cervix of uterus)
陰道(Vagina)

(a) 側面觀

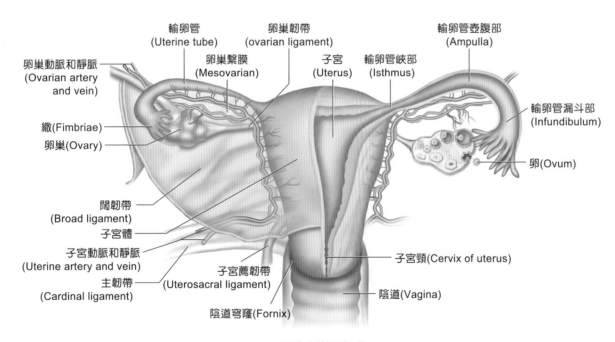

輸卵管(Uterine tube)
卵巢韌帶(ovarian ligament)
子宮(Uterus)
輸卵管峽部(Isthmus)
輸卵管壺腹部(Ampulla)
卵巢動脈和靜脈(Ovarian artery and vein)
卵巢繫膜(Mesovarian)
繖(Fimbriae)
卵巢(Ovary)
輸卵管漏斗部(Infundibulum)
卵(Ovum)
闊韌帶(Broad ligament)
子宮體
子宮動脈和靜脈(Uterine artery and vein)
主韌帶(Cardinal ligament)
子宮薦韌帶(Uterosacral ligament)
陰道穹窿(Fornix)
子宮頸(Cervix of uterus)
陰道(Vagina)

(b) 內生殖器前面觀

➡ 圖 14-2 女性生殖系統構造

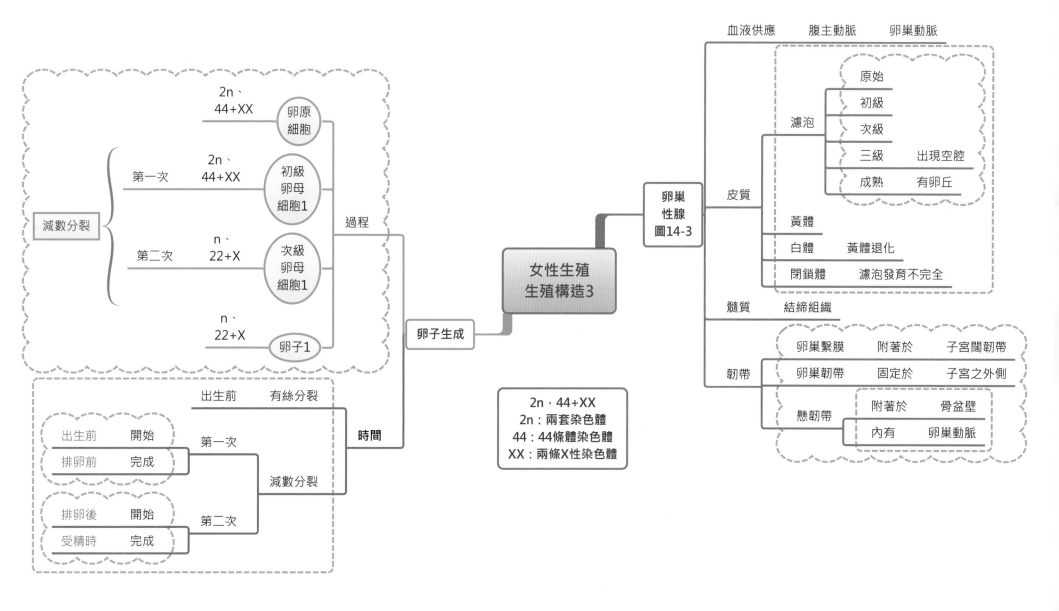

女性生殖
生殖構造3

卵子生成

卵巢
性腺
圖14-3

減數分裂

2n、
44+XX — 卵原細胞

第一次 — 2n、
44+XX — 初級卵母細胞1

第二次 — n、
22+X — 次級卵母細胞1

n、
22+X — 卵子1

過程

時間

出生前 — 有絲分裂

出生前 開始
排卵前 完成 — 第一次

排卵後 開始
受精時 完成 — 第二次

減數分裂

2n、44+XX
2n：兩套染色體
44：44條體染色體
XX：兩條X性染色體

血液供應 — 腹主動脈 — 卵巢動脈

皮質 — 濾泡 — 原始
初級
次級
三級 — 出現空腔
成熟 — 有卵丘

黃體
白體 — 黃體退化
閉鎖體 — 濾泡發育不完全

髓質 — 結締組織

韌帶 — 卵巢繫膜 — 附著於 — 子宮闊韌帶
卵巢韌帶 — 固定於 — 子宮之外側
懸韌帶 — 附著於 — 骨盆壁
內有 — 卵巢動脈

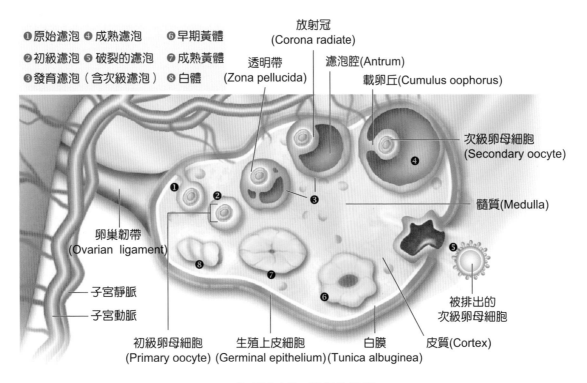

① 原始濾泡 ④ 成熟濾泡　⑥ 早期黃體
② 初級濾泡 ⑤ 破裂的濾泡　⑦ 成熟黃體
③ 發育濾泡（含次級濾泡）⑧ 白體

放射冠
(Corona radiate)

透明帶
(Zona pellucida)

濾泡腔(Antrum)

載卵丘(Cumulus oophorus)

次級卵母細胞
(Secondary oocyte)

髓質(Medulla)

卵巢韌帶
(Ovarian ligament)

子宮靜脈

子宮動脈

被排出的
次級卵母細胞

初級卵母細胞　　生殖上皮細胞　　白膜　　皮質(Cortex)
(Primary oocyte) (Germinal epithelium)(Tunica albuginea)

➜ 圖 14-3　濾泡的發育

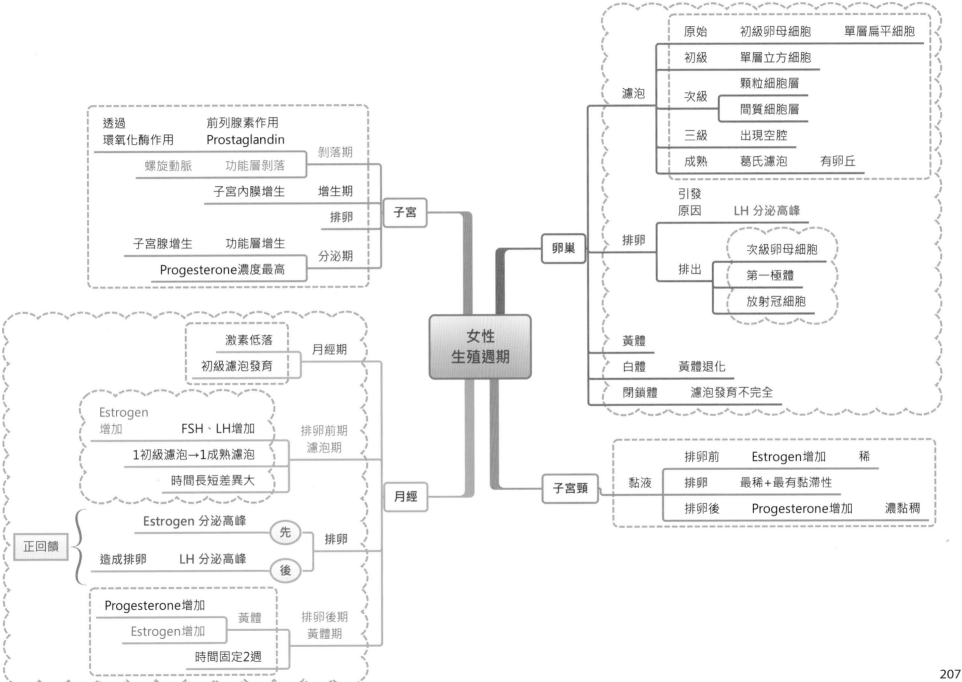

14

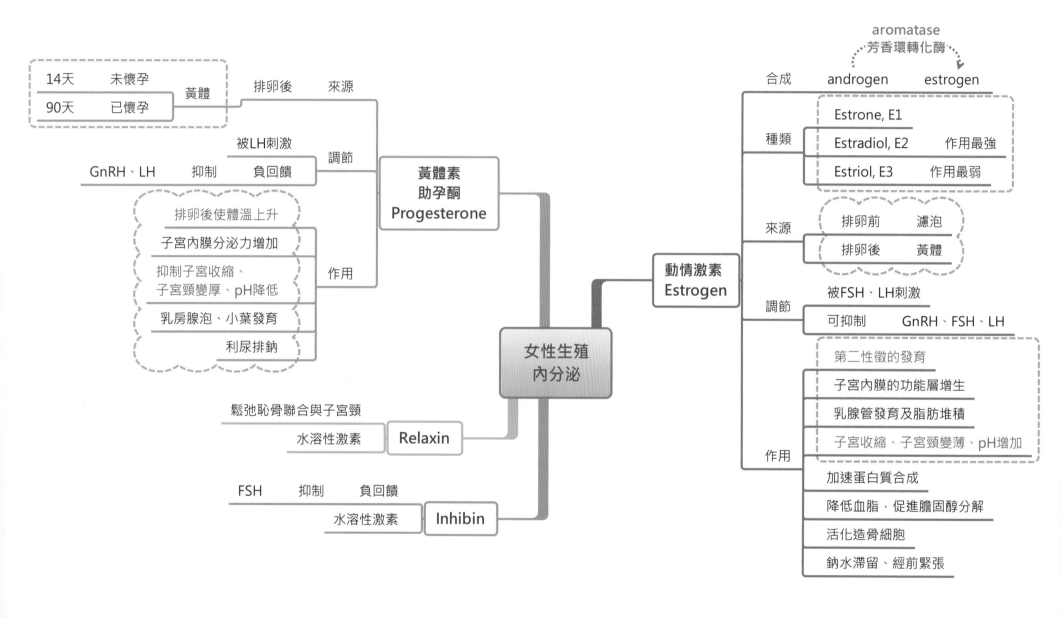

女性生殖內分泌

黃體素 助孕酮 Progesterone

來源　排卵後　黃體
- 14天　未懷孕
- 90天　已懷孕

調節
- 被LH刺激
- 負回饋　抑制　GnRH、LH

作用
- 排卵後使體溫上升
- 子宮內膜分泌力增加
- 抑制子宮收縮、子宮頸變厚、pH降低
- 乳房腺泡、小葉發育
- 利尿排鈉

Relaxin
- 鬆弛恥骨聯合與子宮頸
- 水溶性激素

Inhibin
- FSH　抑制　負回饋
- 水溶性激素

動情激素 Estrogen

合成　androgen　aromatase 芳香環轉化酶　estrogen

種類
- Estrone, E1
- Estradiol, E2　作用最強
- Estriol, E3　作用最弱

來源
- 排卵前　濾泡
- 排卵後　黃體

調節
- 被FSH、LH刺激
- 可抑制　GnRH、FSH、LH

作用
- 第二性徵的發育
- 子宮內膜的功能層增生
- 乳腺管發育及脂肪堆積
- 子宮收縮、子宮頸變薄、pH增加
- 加速蛋白質合成
- 降低血脂，促進膽固醇分解
- 活化造骨細胞
- 鈉水滯留、經前緊張

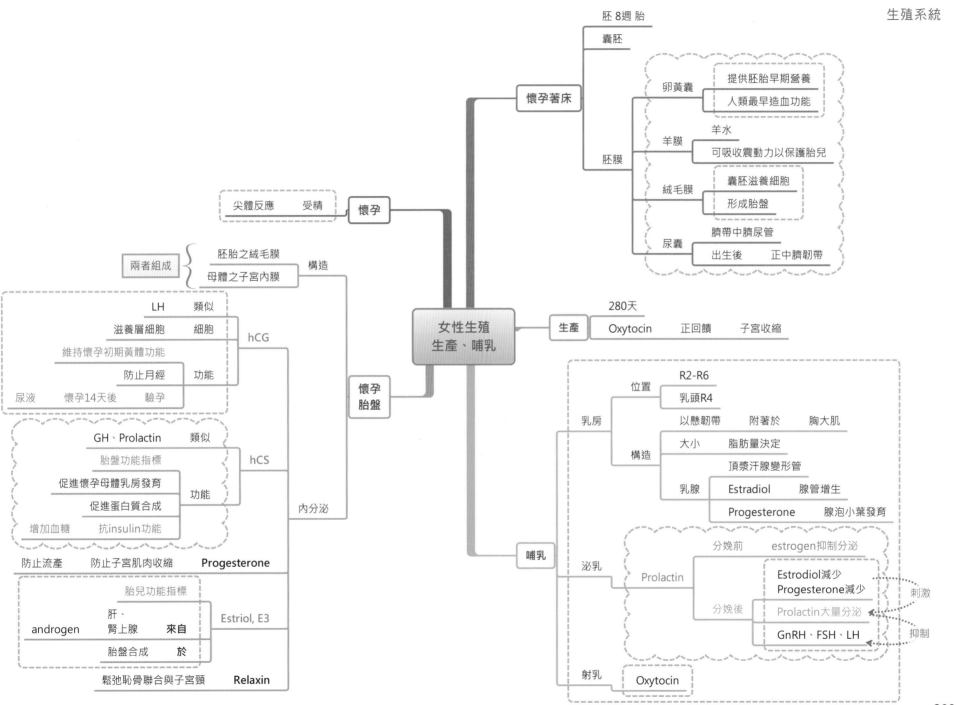

懷孕著床
- 胚 8 週 胎
- 囊胚
- 卵黃囊
  - 提供胚胎早期營養
  - 人類最早造血功能
- 胚膜
  - 羊膜
    - 羊水
    - 可吸收震動力以保護胎兒
  - 絨毛膜
    - 囊胚滋養細胞
    - 形成胎盤
  - 尿囊
    - 臍帶中臍尿管
    - 出生後　正中臍韌帶

懷孕
- 尖體反應　受精

兩者組成
- 胚胎之絨毛膜
- 母體之子宮內膜

女性生殖
生產、哺乳

生產
- 280天
- Oxytocin　正回饋　子宮收縮

懷孕胎盤
- 構造
- 內分泌
  - hCG
    - 類似　LH
    - 細胞　滋養層細胞
    - 功能
      - 維持懷孕初期黃體功能
      - 防止月經
    - 驗孕　尿液　懷孕14天後
  - hCS
    - 類似　GH、Prolactin
    - 功能
      - 胎盤功能指標
      - 促進懷孕母體乳房發育
      - 促進蛋白質合成
    - 抗insulin功能　增加血糖
  - Progesterone　防止流產　防止子宮肌肉收縮
  - Estriol, E3
    - 胎兒功能指標
    - androgen　來自　肝、腎上腺
    - 胎盤合成　於
  - Relaxin　鬆弛恥骨聯合與子宮頸

哺乳
- 乳房
  - 位置　R2-R6　乳頭R4
  - 構造
    - 以懸韌帶　附著於　胸大肌
    - 大小　脂肪量決定
    - 頂漿汗腺變形管
    - 乳腺
      - Estradiol　腺管增生
      - Progesterone　腺泡小葉發育
- 泌乳
  - Prolactin
    - 分娩前　estrogen抑制分泌
    - 分娩後
      - Estrodiol減少 Progesterone減少
      - Prolactin大量分泌　刺激
      - GnRH、FSH、LH　抑制
- 射乳　Oxytocin

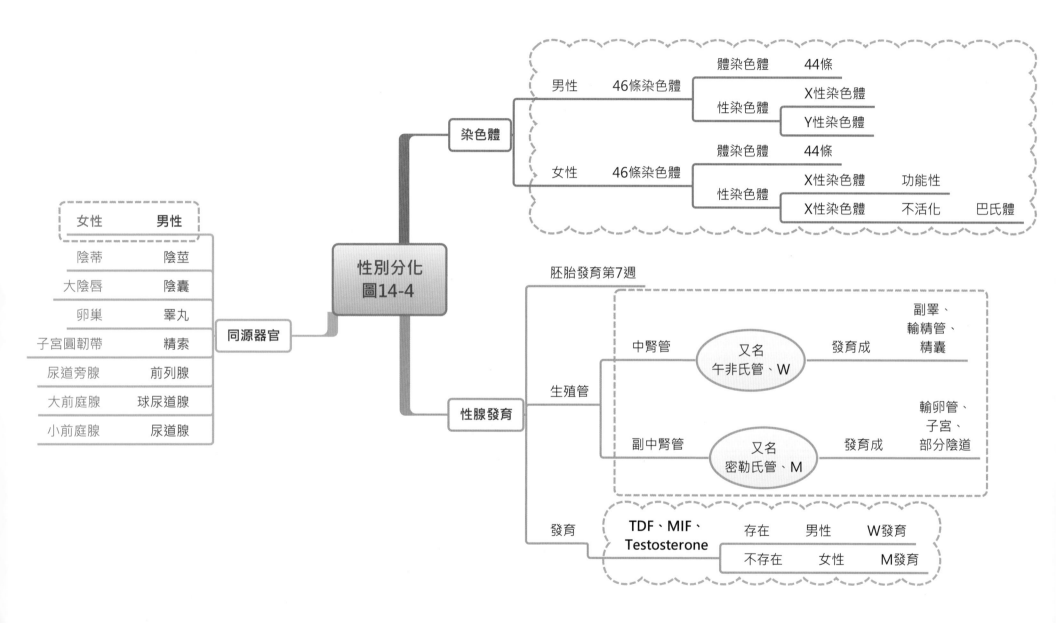

女性	男性
陰蒂	陰莖
大陰唇	陰囊
卵巢	睪丸
子宮圓韌帶	精索
尿道旁腺	前列腺
大前庭腺	球尿道腺
小前庭腺	尿道腺

同源器官

性別分化
圖14-4

染色體

男性　46條染色體　體染色體　44條
性染色體　X性染色體
Y性染色體

女性　46條染色體　體染色體　44條
性染色體　X性染色體　功能性
X性染色體　不活化　巴氏體

性腺發育

胚胎發育第7週

生殖管
中腎管　又名 午非氏管、W　發育成　副睪、輸精管、精囊
副中腎管　又名 密勒氏管、M　發育成　輸卵管、子宮、部分陰道

發育　TDF、MIF、Testosterone
存在　男性　W發育
不存在　女性　M發育

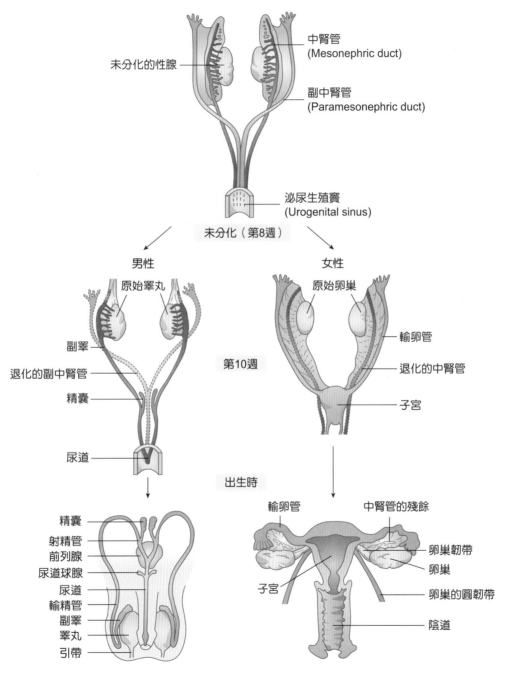

未分化的性腺

中腎管
(Mesonephric duct)

副中腎管
(Paramesonephric duct)

泌尿生殖竇
(Urogenital sinus)

未分化（第8週）

男性

女性

原始睪丸

原始卵巢

副睪

輸卵管

退化的副中腎管

退化的中腎管

精囊

子宮

尿道

第10週

出生時

精囊
射精管
前列腺
尿道球腺
尿道
輸精管
副睪
睪丸
引帶

輸卵管

中腎管的殘餘

卵巢韌帶
卵巢
卵巢的圓韌帶

子宮

陰道

➲ 圖 14-4　性別分化

課後複習

1. 下列男性生殖系統，何者具有靜纖毛 (stereocilia) 構造，以及儲存精子的功能？(A) 睪丸 (testis) (B) 副睪 (epididymis) (C) 精囊 (seminal vesicle) (D) 前列腺 (prostate gland)。

2. 何時次級卵母細胞 (secondary oocyte) 會完成第二次減數分裂？(A) 胚胎時期 (B) 出生時 (C) 排卵時 (D) 受精時。

3. 下列何者包覆陰蒂 (clitoris)，形成陰蒂的包皮 (prepuce of clitoris)？(A) 陰阜 (mons pubis) (B) 大陰唇 (labia majora) (C) 小陰唇 (labia minora) (D) 陰道前庭 (vaginal vestibule)。

4. 12 歲的王同學因為外傷造成兩側睪丸嚴重受損被迫切除，下列何者為手術後的生理變化？(A) 聲音變得低沉且毛髮增生 (B) 血液中黃體生成素 (LH) 濃度上升 (C) 血液中睪固酮 (testosterone) 濃度上升 (D) 尿液中雄性素 (androgen) 濃度上升。

5. 睪丸主要負責產生精子，是下列哪一構造？(A) 睪丸網 (rete testis) (B) 直管 (straight tubule) (C) 輸出小管 (efferent ductule) (D) 曲細精管 (seminiferous tubule)。

6. 有關促進睪固酮分泌之敘述，下列何者正確？(A) 濾泡刺激素 (FSH) 直接作用於萊氏細胞 (Leydig cell) (B) 黃體刺激素 (LH) 直接作用於賽氏細胞 (Sertoli cell) (C) 促性腺素釋放激素 (GnRH) 間接作用於萊氏細胞 (Leydig cell) (D) 抑制素 (inhibin) 間接作用於賽氏細胞 (Sertoli cell)。

7. 有關排卵過程的敘述，下列何者正確？(A) 單一高劑量雌激素 (estrogen) 即可促進排卵 (B) 濾泡刺激素 (FSH) 使顆粒細胞黃體化 (C) 前列腺素 (prostaglandin) 減少濾泡液 (D) 顆粒細胞分泌酵素促進濾泡膜分解。

8. 賽托利氏細胞 (Sertoli cell) 位於下列何處？(A) 附睪管 (ductus epididymis) (B) 睪丸網 (rete testis) (C) 曲細精管 (seminiferous tubule) (D) 輸出小管 (efferent ductule)。

9. 下列哪一種韌帶直接將卵巢連接於子宮的外上角？(A) 主韌帶 (cardinal ligament) (B) 卵巢韌帶 (ovarian ligament) (C) 子宮圓韌帶 (round ligament of uterus) (D) 卵巢懸韌帶 (suspensory ligament of ovary)。

10. 下列哪一種胎盤激素主要是由胎兒的腎上腺及肝臟合成雄性素，再送至胎盤加以合成？(A) 雌三醇 (estriol) (B) 黃體素 (progesterone) (C) 人類胎盤促乳素 (human placental lactogen) (D) 人類絨毛膜性腺滋養素 (human chorionic gonadotropin)。

11. 睪丸中的睪固酮 (testosterone) 濃度比血漿高，主要是下列何種蛋白的作用？(A) 纖維蛋白 (fibrin) (B) 白蛋白 (albumin) (C) 雄性素結合蛋白 (androgen-binding protein) (D) 性類固醇結合球蛋白 (sex steroid-binding globulin)。

12. 下列何者是由數層濾泡細胞及有液體之濾泡腔組成，其內並包含一個初級卵母細胞？(A) 原始濾泡 (primordial follicle) (B) 葛氏濾泡 (Graafian follicle) (C) 初級濾泡 (primary follicle) (D) 次級濾泡 (secondary follicle)。

13. 人類絨毛性腺促素 (hCG) 與下列何者之生理作用及化學組成相似？(A) 胰島素 (insulin) (B) 黃體生成素 (LH) (C) 腎上腺皮質刺激素 (ACTH) (D) 抗利尿素 (ADH)。

14. 在排卵後一天，與排卵日相比，下列何種激素在血中的濃度不會下降？(A) 濾泡刺激素 (FSH) (B) 黃體生成素 (LH) (C) 動情激素 (estrogen) (D) 黃體激素 (progesterone)。

15. 女性會陰部的三個構造，由前往後的排序為何？(1) 陰蒂 (2) 外尿道口 (3) 陰道口。(A) 123 (B) 132 (C) 213 (D) 231。

16. 18 歲女性外表，沒有月經，性染色體為 XY，其細胞對雄性素不敏感，在此病人所表現的病徵中，下列何者是因為缺乏雄性素接受器所造成？ (A) 基因型 (genotype) 為 46, XY　(B) 沒有子宮頸和子宮　(C) 睪固酮 (testosterone) 濃度上升　(D) 沒有月經週期。

17. 男性心血管疾病發生率高於非更年期女性，主要是下列何種因素導致此現象？ (A) 雄性素增加血漿 LDL，降低 HDL　(B) 雌性素增加血漿 LDL，降低 HDL　(C) 雄性素增加男性紅血球數目　(D) 雌性素增加女性對鈣離子的吸收。

18. 下列有關精子 (spermatozoa) 的敘述，何者正確？ (A) 精子的儲存處為睪丸網 (rete testis)　(B) 精子的成熟處為曲細精管 (seminiferous tubule)　(C) 中節 (midpiece) 具有大量的粒線體　(D) 尖體 (acrosome) 是由粒線體特化而來的構造。

19. 若用藥物阻斷成人睪丸萊氏細胞 (Leydig cells) 的黃體生成素 (LH) 接受器，將導致血漿 LH 及睪固酮 (testosterone, TE) 變化為何？ (A) LH 上升、TE 下降　(B) LH 下降、TE 下降　(C) LH 上升、TE 上升　(D) LH 下降、TE 上升。

20. 下列何者具有勃起海綿組織？ (A) 前庭 (vestibule)　(B) 陰蒂 (clitoris)　(C) 小陰唇 (labia minora)　(D) 大陰唇 (labia majora)。

21. 未懷孕的成年女性，其性腺生理功能之敘述，何者錯誤？ (A) 參與濾泡 (follicle) 發育　(B) 分泌濾泡刺激素 (FSH)　(C) 分泌動情激素 (estrogen)　(D) 分泌黃體激素 (progesterone)。

22. 下列何者直接與副睪相連？ (A) 睪丸網　(B) 輸精管　(C) 射精管　(D) 直小管。

23. 卵巢排卵 (ovulation) 時，下列何者不會隨著卵母細胞 (oocyte) 一起排出？ (A) 透明層 (zona pellucida)　(B) 第一個極體 (first polar body)　(C) 放射冠細胞 (corona rediata cell)　(D) 內鞘細胞 (theca interna cell)。

24. 精子產生後在下列何處成熟，而獲得運動能力？ (A) 睪丸　(B) 副睪　(C) 貯精囊　(D) 輸精管。

25. 下列哪一個類固醇激素生合成路徑中的酵素，決定了女性而非男性第二性徵的發育？ (A) 膽固醇碳鏈裂解酶 (cholesterol desmolase)　(B) 芳香環轉化酶 (aromatase)　(C) 5α 還原酶 (5α-reductase)　(D) 醛固酮合成酶 (aldosterone synthetase)。

26. 男性生殖系統構造中，何者具有肉膜肌 (dartos muscle)？ (A) 陰莖 (penis)　(B) 陰囊 (scrotum)　(C) 副睪 (epididymis)　(D) 精索 (spermatic cord)。

27. 進入青春期，由下列何種激素刺激卵巢濾泡發育，使初級卵母細胞完成第一次減數分裂？ (A) 濾泡刺激素 (FSH)　(B) 黃體生成素 (LH)　(C) 雌激素 (estrogen)　(D) 黃體素 (progesterone)。

28. 下列何種原因抑制懷孕時乳汁的製造？ (A) 泌乳素 (prolactin) 濃度過低，不足以刺激乳腺　(B) 人類胎盤泌乳素 (human placental lactogen) 過低　(C) 多巴胺 (dopamin) 抑制腦下腺合成泌乳素　(D) 雌激素 (estrogen) 與黃體素 (progesterone) 濃度高。

29. 下列何者是男性避孕時最常施行結紮的部位？ (A) 睪丸網 (rete testis)　(B) 前列腺 (prostate gland)　(C) 輸精管 (ductus deferens)　(D) 射精管 (ejaculatory duct)。

30. 下列有關輸卵管 (uterine tube) 的構造，何者最接近卵巢？ (A) 峽部 (isthmus)　(B) 壺腹部 (ampulla)　(C) 輸卵管子宮部 (uterine part)　(D) 漏斗部 (infundibulum) 末端的繖 (fimbriae)。

解答

1.B	2.D	3.C	4.B	5.D	6.C	7.D	8.C	9.B	10.A
11.C	12.D	13.B	14.D	15.A	16.C	17.A	18.C	19.A	20.B
21.B	22.B	23.D	24.B	25.B	26.B	27.A	28.D	29.C	30.D

國家圖書館出版品預行編目資料

解剖生理學總複習：心智圖解析／莊禮聰編著.
－三版－新北市：新文京開發，2021.12
　　面；　公分

　　ISBN　978-986-430-721-0（平裝）

　　1.人體解剖學　2.人體生理學

397　　　　　　　　　　　　　　　　110006326

解剖生理學總複習－心智圖解析　　（書號：B403e3）

編　著　者	莊禮聰
出　版　者	新文京開發出版股份有限公司
地　　　址	新北市中和區中山路二段 362 號 9 樓
電　　　話	(02) 2244-8188（代表號）
Ｆ　Ａ　Ｘ	(02) 2244-8189
郵　　　撥	1958730-2
初　　　版	2016 年 03 月 01 日
二　　　版	2018 年 11 月 05 日
三　　　版	2021 年 12 月 14 日
三 版 二 刷	2023 年 06 月 01 日

ISBN　978-986-430-721-0

新文京開發出版股份有限公司

NEW
WCDP 　新世紀・新視野・新文京－精選教科書・考試用書・專業參考書